# 포근포근
# 코바늘 손뜨개 인형

# Contents

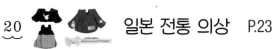
코바늘 인형 기초 레슨
- 준비물 P.28
- 기본 곰을 떠 보자 P.30
- 포인트 레슨 P.38

# 기본 곰

머리는 코끝에서부터 뜨기 시작하여 증감코로 얼굴의 올록볼록한 부분을 만듭니다.
팔다리는 몸통에 조인트 부품으로 연결하여 자유롭게 움직일 수 있도록 했습니다.
기본 곰 만드는 법은 이 책에 실린 동물 인형에 공통으로 적용됩니다.

○ Yarn_ 뜨개실 피에로 코튼 니트
○ How to make_ P.30

01

## ◯2 크기가 다른 곰        ◯3 색이 다른 곰

오른쪽은 기본 곰과 다른 색으로 떴고, 왼쪽은 극태사를 2겹으로 하여
큼직한 사이즈로 떴습니다. 둘 다 뜨개 도안은 기본 곰과 같습니다.
자기 취향대로 변형하여 즐겨 보세요.

○ Yarn_ 뜨개실 피에로 02. 베이직 극태, 코튼 니트/ 03. 코튼 니트
○ How to make_ P.41

## 04

# 소재가 다른 곰

복슬복슬한 루프 얀으로 뜬 곰. 뜨개코가 잘 보이지 않아서
봉제 인형처럼 완성됩니다. 모헤어 혼방사는 촉감도 부드러워요.
○ Yarn_ 뜨개실 피에로 래빗. 코튼 니트(S)
○ How to make_ P.41

# 개

축 늘어진 큰 귀가 매력 포인트.
야마타카 단추 눈은 실을 조금 당겨서 가운데로
살짝 모이게 달아주면 귀여운 표정이 됩니다.

○ Yarn_ 하마나카 아메리, 아메리 F<합태>
○ How to make_ P.42

05

7

# 토끼

동그란 눈동자에 분홍빛 코를 한 흰토끼.
뾰족하게 선 귀는 안에 솜을 채워서
모양을 확실하게 잡아줍니다.

○ Yarn_ 하마나카 아메리
○ How to make_ P.44

06

# 판다

감연 초극태사로 뜬 판다는 내추럴×회색 배색으로
부드러운 느낌을 줍니다.
눈 주위의 무늬는 따로 떠서 답니다.

○ Yarn_ 뜨개실 피에로 베이직 극태, 코튼 니트
○ How to make_ P.46

# 고양이

뾰족한 삼각형 귀와 낚싯줄 수염을 달아서
야무진 인상으로 완성한 흰고양이입니다.
발바닥에는 사랑스러운 분홍색 육구를 붙였습니다.

○ Yarn_ 하마나카 아메리
○ How to make_ P.48

# 사자

페이크 퍼 얀을 사용한 사실적인 갈기가 늠름한 사자입니다.
털은 스팀을 쏘인 후 브러시를 이용하여 잘 빗어줍니다.

○ Yarn_ 하마나카 아메리, 루포, 아메리 F<합태>
○ How to make_ P.50

11

## 양

몸통은 루프 얀 2겹으로 떠서 북슬북슬한 느낌을 한층 더 살립니다.
반으로 접은 귀를 살짝 아래를 향하게 다는 것이 요령이에요.

○ Yarn_ 뜨개실 피에로 베이직 극태. 래빗. 코튼 니트
○ How to make_ P.52

# 오리

통통한 오리 몸통을 재현한 짧은뜨기의 절묘한 증감코에 주목하세요.
노란 부리는 따로 떠서 나중에 달아줍니다.

o Yarn_ 뜨개실 피에로 베이직 극태, 소프트 메리노 극태
o How to make_ P.54

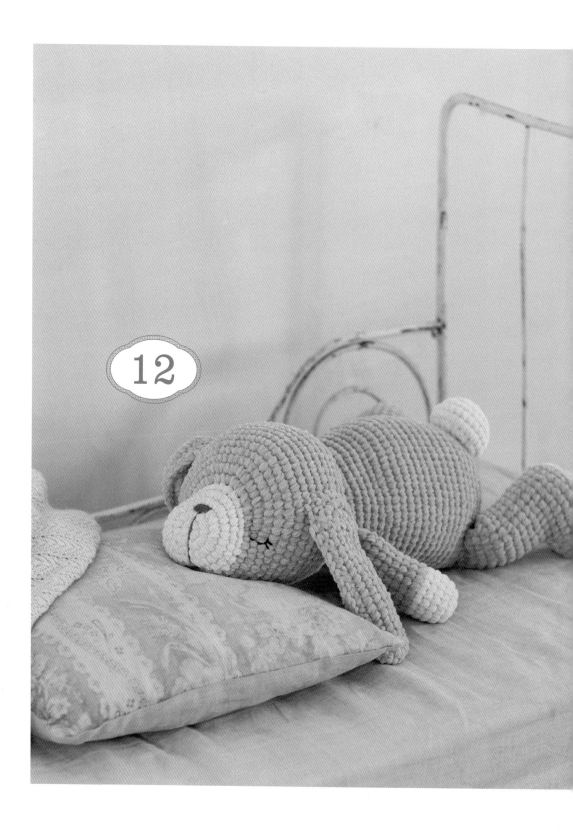

# 안고 자는 인형

꼭 껴안기 좋도록 세로로 긴 모양의 롭 이어 래빗.
벨벳 같은 실의 보드라운 감촉이 매력적이에요.
서서 안았을 때, 팔다리가 아래로 늘어지도록 달았습니다.

○ Yarn_ 하마나카 루나 몰, 워시 코튼
○ How to make_ P.56

# 딸기 케이크&체리 케이크

바탕이 되는 케이크 시트는 원통형으로 뜨기만 하면 됩니다.
장식용 휘핑크림은 편물을 말거나 꿰매어 조여서 입체적으로 표현했어요.
과일은 가는 실을 이용해 짧은뜨기로 만들었습니다.

○ Yarn_ 하마나카 포니, 피콜로
○ How to make_ P.58, 60

초콜릿

녹차

민트

레몬

마블

14

딸기

# 도넛

흘러내리는 크림은 도넛 몸판의 줄기뜨기를 주워서 뜹니다.
도넛에 솜을 넣은 뒤에 원하는 토핑을 수놓아보세요.

o Yarn_ 하마나카 포니 피콜로
o How to make  P.62

# 과일

그대로 장식하기에도 좋고 소꿉놀이에도 사용할 수 있는 과일 8종.
가는 실로 단단하게 짧은뜨기하는 것과
솜을 꽉 채우는 것이 예쁘게 만드는 비결입니다.

○ Yarn_ 하마나카 워시 코튼, 워시 코튼<크로셰>
○ How to make_ P.64-70

15

복숭아

서양배

체리

딸기

블루베리

포도

사과

레몬

과일마다 모양의 특징을 살리는 데 공을 들였습니다. 블루베리 열매에는 레이스 같은 끝부분도 만들어주었어요.

# 아기 딸랑이

플라스틱 방울을 안에 넣은 토끼와 곰을 둥근 손잡이에 달았습니다.
갓난아기가 가지고 노는 것이라 유기농 면사를 선택했어요.

○ Yarn_ 하마나카 폼 릴리<과일 염색>, 워시 코튼
○ How to make_ P.74

## 웨딩 베어

소중한 기념일을 위한 곰 커플.
몸은 소재가 다른 곰(P.6)을 흰 실로 바꿔서 떴습니다.
남자 곰 조끼와 넥타이, 여자 곰 드레스와 베일은
입혔다 벗겼다 할 수 있어요.

○ Yarn_ 뜨개실 피에로 래빗, 코튼 니트(S), 쿠셀
○ How to make_ P.71

1년의 행사에 맞춰서 옷을 갈아입힐 수 있는 작은 크기의 토끼와 곰.
장식해서 즐기는 것은 물론이고 선물용으로도 좋습니다.

## ⌣18 미니 토끼　　　⌣19 미니 곰

여자아이 토끼와 남자아이 곰의 뜨개 도안은 귀 뜨는 법 이외에는 똑같습니다.
옷을 갈아입히기 쉽도록 꼬리는 생략했어요.
팔에는 솜을 넣지 않고 말랑하게 만들었습니다.

○ Yarn_ 뜨개실 피에로 님, 코튼 니트(S)
○ How to make_ P.76

**20**

DRESS-UP

## 일본 전통 의상

남자아이용 옷은 통바지와 겉옷,
여자아이용 옷은 꽃무늬 기모노.
기모노는 앞에서 옷깃을 여민 다음에
띠를 둘러서 고정합니다.

○ Yarn_ 뜨개실 피에로 코튼 니트(S)
○ How to make_ P.77

# 여자아이의 날

남자아이는 궁에서 입는 일본 전통 의상에 관과 홀,
여자아이는 여러 겹 겹쳐 입는 기모노에 부채를 장식했습니다.
둘 다 일본 전통 의상의 기모노 뜨개 도안을 조금 변형한 디자인입니다.

○ Yarn_ 뜨개실 피에로 코튼 니트(S)

○ How to make_ P.80

DRESS-UP

24

## 남자아이의 날

남자아이용 갑옷 조끼는 손쉽게 뜰 수 있는
단순한 디자인입니다.
잉어 깃발은 대나무 꼬치를 이용하여 만들었습니다.

○ Yarn_ 뜨개실 피에로 코튼 니트(S)
○ How to make_ P.83

**BACK**

# 핼러윈

핼러윈 의상은 망토와 모자.

남자아이용은 칼라를 길게 떠서 세웠습니다.

소매 없는 망토는 뜨는 것도 간단해요.

모자는 귀 크기에 맞춰서 두 가지 사이즈로 만들었습니다.

o Yarn_ 뜨개실 피에로 코튼 니트(S)

o How to make_ P.82

**DRESS-UP**

**DRESS-UP**

# 크리스마스

크리스마스 하면 산타클로스지요.
대표적인 크리스마스 색상인 빨강과 흰색 의상으로 남자아이에게는
윗옷과 모자, 여자아이에게는 케이프와 리본을 준비했습니다.
가장자리에는 흰색 기모사로 봉긋한 느낌을 살렸어요.

○ Yarn_ 뜨개실 피에로 코튼 니트(S), 님
○ How to make_ P.84

# 코바늘 인형 기초 레슨

## 준비물

**실**

**코튼/울**
이 책의 동물 인형에는 코튼이나 울 스트레이트 얀을 사용합니다. 부드러운 톤의 색을 골랐습니다.

**바늘**

**코바늘**
코바늘은 2/0호~10/0호 순으로 굵어지니 뜨는 실의 굵기에 맞게 골라서 사용합니다.

**돗바늘**
끝이 뭉툭하고 굵은 바늘. 실 끝 처리나 각 부분끼리 이을 때 사용합니다.

**인형용 바늘★**
인형 만들기에 사용하는 길고 튼튼한 바늘. 얼굴의 자수나 단추 눈을 달 때 사용합니다. 이 책에서는 길이 11.5㎝, 13㎝짜리를 사용합니다.

**시침핀**
니트용 시침핀. 눈이나 귀, 꼬리를 달 위치를 표시하거나 각 부분을 임시로 고정할 때 사용합니다.

---

**그 외** ◆ 재료

**야마타카 단추★**
실을 통과시키는 구멍이 있는 단추 모양의 인형 눈. 반구 모양이고 검은색을 주로 사용합니다.

**플라스틱 아이★**
검은자위 주위에 색이 들어가 있으며 실로 다는 타입의 인형 눈용 단추.

**비즈 아이★**
지름 3mm의 인형 눈용 비즈. 작은 크기 인형에 사용합니다.

**면 실**
인형 눈용 단추 등을 달 때 사용하는 강도 있는 재봉실.

**자수 실**
손뜨개 인형의 속눈썹이나 가는 장식 부분에 사용합니다.

---

◆ 도구

**플라스틱 조인트★**
팔다리를 움직일 수 있는 타입으로 만드는 조인트용 부품. 왼쪽에서부터 디스크, 와셔, 스토퍼.

**수예용 솜**
인형을 뜨고 안에 넣는 솜. 사진은 항균방취 타입의 '네오 클린 와타와타★'.

**가위**
실을 자를 때 사용합니다.

**스티치 마커**
단의 변형코나 콧수를 표시할 때 사용합니다.

**핀셋**
솜을 넣을 때 사용합니다. 끝이 직선으로 된 타입을 추천.

---

◆ 특별한 재료와 도구

**스팀다리미**
솜을 넣기 전에 편물에 스팀을 쏘여서 코를 정리하기 위해 사용합니다.

**플라스틱 방울★**
흔들면 소리가 나는 플라스틱제 방울. 아기 딸랑이(P.20)에 사용합니다.

**낚싯줄**
고양이(P.10) 수염에 사용합니다.

**브러시**
사자(P.11)의 퍼 얀을 정리할 때 사용합니다.

**송곳**
뜨개코에 걸린 퍼 얀의 털을 빼낼 때 사용합니다.

28

# 🧶 작품에 사용한 실

* 원 안의 실은 실물 크기.

**뜨개실 피에로**

### 코튼 니트

감연사로 감촉이 좋은 코튼 스트레이트 얀.

면 100% / 총 30색 / 약 40g 1볼 / 약 55m

### 코튼 니트(S)

코튼 니트를 가늘게 한 합태~병태 타입의 실.

면 100% / 총 43색 / 약 40g 1볼 / 약 90m

### 베이직 극태

부드러운 색감 및 멜란지가 특징인 초극태사.

울 100% / 총 11색 / 약 40g 1볼 / 약 41m

### 소프트 메리노 극태

기본 색상을 중심으로 한 극태사.

울 100% / 총 15색 / 약 40g 1볼 / 약 43m

### 쿠셀

실크×캐시미어의 반들반들한 느낌과 부드러움이 매력.

실크 70%, 캐시미어 30% / 총 10색 / 약 30g 1볼 / 약 97m

### 래빗

복슬복슬한 루프 얀.

모헤어 45%, 아크릴 40%, 나일론 15% / 총 9색 / 약 40g 1볼 / 약 57m

### 님

베이비 알파카의 특성을 살린 가볍고 따스한 실.

알파카 70%, 나일론 30% / 총 6색 / 약 25g 1볼 / 약 133m

---

**하마나카**

### 아메리

탄력성과 보온성이 뛰어난 실.

울(뉴질랜드 메리노) 70%, 아크릴 30% / 총 52색 / 40g 1볼 / 약 110m

### 아메리 F<합태>

뉴질랜드 메리노를 사용한 합태사.

울 70%, 아크릴 30% / 총 30색 / 30g 1볼 / 약 130m

### 루나 몰

촉촉한 질감과 광택이 우수한 몰 얀.

폴리에스테르 100% / 총 12색 / 50g 1볼 / 약 70m

### 포니

발색이 좋고 색깔 수가 많은 것이 매력적인 아크릴사. 항균·방취 가공이 되어 있어 깨끗하다.

아크릴 100% / 총 61색 / 50g 1볼 / 약 60m

### 루포

고급스러운 느낌의 페이크 퍼 얀.

레이온 65%, 폴리에스테르 35% / 총 5색 / 40g 1볼 / 약 38m

### 피콜로

부드러워서 뜨기 쉬운 중세 타입 아크릴사.

아크릴 100% / 총 50색 / 25g 1볼 / 약 90m

### 폼 릴리<과일 염색>

천연 색소로 염색한 릴리 얀사.

면(퓨어 오가닉 코튼) 100% / 총 6색 / 25g 1볼 / 약 78m

### 워시 코튼

세탁기로 그대로 세탁해도 되는 워셔블사.

면 64%, 폴리에스터 36% / 총 30색 / 40g 1볼 / 약 102m

### 워시 코튼<크로셰>

광택과 청량한 느낌이 있는 합세사.

면 64%, 폴리에스터 36% / 총 31색 / 25g 1볼 / 약 104m

# 🧶 기본 곰을 떠보자

팔다리를 움직일 수 있도록 조인트를 넣은 곰을 만드는 법입니다.
어느 부분이든 짧은뜨기와 그 증감코로 모양을 만듭니다.
순서는 다른 동물에도 응용할 수 있으니 꼭 도전해보세요.

○ Photo_ P.4
○ Pattern_ P.36

**머리 뜨기**

1   라이트브라운 실로 원형 기초코(P.86)를 만들어서 뜨기 시작한다.

2   원형 기초코에 짧은뜨기를 6코 뜨고 뜨개 시작의 실꼬리를 당겨서 구멍을 조인 뒤에 1번째 코에 빼뜨기한다. 1단 완성.

3   2단은 사슬 1코로 기둥코를 세우고, 앞단의 1번째 코에 짧은뜨기를 2코 한다.

4   남은 5코에 각각 짧은뜨기를 2코씩 하고(늘림코) 마지막에 빼뜨기한다. 2단 완성.

5   뜨개 도안대로 늘림코를 하면서 9단까지 뜬다. 코끝 완성.

6   16단까지 증감없이 뜬다.

7   17단은 사슬 1코로 기둥코를 세우고 짧은뜨기를 12코 한다.

8   다음 2코에서 각각 실을 끌어내어 바늘에 실을 걸고 화살표처럼 빼낸다. 짧은뜨기 2코 모아뜨기(줄임코) 완성.

9   이어서 도안을 참고하여 정해진 위치에서 짧은뜨기 2코 모아뜨기를 하며 마지막에 빼뜨기를 한다. 17단 완성.

**10** 뜨개 도안대로 줄임코를 하면서 24단까지 뜬다. 마지막은 실 끝을 20㎝ 남겨서 자르고 빼낸다.

**11** 핀셋을 사용하여 뜨개 끝의 창구멍으로 솜을 넣는다.

**12** 코끝에서부터 빈틈없이 채운다. 솜이 쏠리지 않도록 주의한다.

**13** 솜을 다 넣은 모습. 전체가 꽉 차서 단단해질 때까지 채운다.

**14** 뜨개 끝의 실꼬리를 돗바늘에 꿰어서 마지막 단 코의 앞쪽 반 코를 모두 줍고, 실을 당겨서 조인다.

**15** 1번째 코에 바늘을 넣는다.

**16** 실을 다 당기지 말고 고리를 만들어서 그 속에 바늘을 통과시키고 실을 당겨서 조인다.

**17** 뜨개 끝의 중심에 돗바늘을 넣어서 눈에 띄지 않는 곳에서 빼고, 남은 실을 자른다.

**18** 머리 완성.

귀 달기

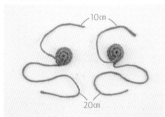

**19** 원형 기초코로 귀를 2장 뜬다. 실꼬리는 뜨개 시작을 10㎝, 뜨개 끝을 20㎝ 남겨둔다. 뜨개 시작의 실꼬리는 겉쪽으로 빼둔다.

**20** 머리의 귀 다는 위치(12단)에 시침핀으로 표시한다.

**21** 귀를 반으로 접어서, 뜨개 끝의 실꼬리로 머리에 6코 감쳐서 단다. 1번째 코는 ★에, 2~5번째 코는 ●에 바늘을 넣어서 감친다.

22 6번째 코는 머리(5번째 코의 ●)에 다시 바늘을 넣은 뒤에 ☆로 바늘을 뺀다.

23 이어서 귀 뒤쪽에서 앞쪽으로 바늘을 뺀다.

24 ☆에서 ★로 바늘을 통과시킨다.

25 귀의 1번째 코에 바늘을 넣어서 편물 속으로 통과시키고 귀 가운데의 안쪽에서 바늘을 뺀다.

26 뜨개 시작의 실꼬리를 돗바늘에 꿰어서 원형 기초코의 가운데에서 25에서 실을 뺀 위치로 빼고 실꼬리끼리 맞매듭으로 묶는다.

27 실꼬리 2가닥을 돗바늘에 꿰어서 머리 안에 넣고 17의 요령으로 실을 처리한다. 오른쪽 귀도 같은 방법으로 단다.

귀 달기

28 머리의 눈 다는 위치에 시침핀으로 표시한다.

29 인형용 바늘에 면실(검정) 50㎝를 꿰고, 머리의 아래쪽 가운데(14~15단)에서 바늘을 넣어서 눈 다는 위치로 뺀다.

14~15단

30 야마타카 단추에 실을 통과시키고 반대쪽 눈 다는 위치로 바늘을 뺀다.

31 다른 야마타카 단추 1개에 실을 통과시키고 29의 눈 다는 위치로 바늘을 뺀다.

32 30, 31의 요령으로 다시 한번 좌우 야마타카 단추에 바늘을 넣어서 실을 통과시키고 29에서 바늘을 넣은 위치로 바늘을 뺀다.

33 꿰매기 시작과 꿰매기 끝의 실을 함께 당겨서 눈을 조금 옴폭 들어가게 한 뒤에 맞매듭으로 묶는다.
※ 실 끝은 약 15㎝ 남기고 자른다.

**34** 흑갈색 실 50㎝를 인형용 바늘에 꿰어서, 턱 밑 6번째 단의 중앙(♥)에서 바늘을 넣고 위쪽 3번째 단의 중앙(♡)에서 바늘을 뺀 뒤에 다시 ♥에 바늘을 넣는다.

**35** 34의 ♡를 중심으로 하여 왼쪽으로 2코 간 위치에서 바늘을 뺀다. '중심에서 오른쪽으로 2코 간 위치에 바늘을 넣고, 중심에서 왼쪽으로 2코 간 위치에서 뺀다'. "를 한 번 더 반복한다.

**36** 다시 중심에서 오른쪽으로 2코 간 위치에 바늘을 넣고, 턱 밑의 ♥보다 반 코 어긋난 곳에서 바늘을 뺀다.

**37** 실을 당겨서 느슨함을 없앤다.

**38** 실꼬리를 20㎝ 정도 남기고 자른 뒤에 맞매듭으로 묶는다. **17**의 요령으로 실을 처리한다.

**39** 머리 완성. 눈을 단 실의 매듭은 몸과 이을 때 가려지는 위치가 된다.

**40** 사슬 4코 기초코로 뜨기 시작하여 늘림코를 하며 3단 뜬다.

**41** 4단은 사슬 1코로 기둥코를 세우고 앞단 짧은뜨기의 머리 뒤쪽 반 코에 바늘을 넣어서 짧은뜨기를 한다(짧은 줄기뜨기).

**42** 4단은 증감 없이 짧은 줄기뜨기를 하고 마지막에 빼뜨기한다. 4단 완성.

**43** 14단까지 뜨개 도안대로 뜬다. 14단에서 뚫린 구멍에 플라스틱 조인트의 디스크를 안쪽에서 끼운다.
※ 조인트 끼우는 구멍은 사슬코 1코를 떠서 구멍으로 삼는다.

**44** 남은 15, 16단을 뜨고 솜을 얇게 넣는다. **14~17**과 같은 요령으로 실을 처리한다. 오른다리 완성.

**45** 왼다리도 같은 요령으로 뜬다. 좌우 다리 완성.

**팔 뜨기**

46 원형 기초코로 뜨기 시작하여 다리와 같은 요령으로 완성한다. 2개 만든다.

**몸통 뜨기**

47 뜨개 도안대로 조인트 꽂는 구멍을 만들면서 20단 뜨고, 실꼬리를 50㎝ 남기고 자른다.

48 몸통의 기둥코 위치가 뒤쪽으로 오도록 하고, 팔과 다리를 사진 위치에서 연결한다.

49 먼저 왼다리의 디스크를 몸통 구멍에 꽂는다.

50 몸통 안쪽에서 와셔, 스토퍼 순으로 끼워서 고정한다. 왼다리를 달았다.

51 49, 50과 같은 요령으로 오른다리와 팔을 고정한다.

---

**플라스틱 조인트 다는 법**

플라스틱 조인트(하마나카 제품)는 디스크, 와셔, 스토퍼가 한 세트입니다. 팔이나 다리에 넣은 디스크의 돌기를 몸통에 꽂고, 몸통 안쪽에서 와셔, 스토퍼를 끼워서 고정합니다. 스토퍼를 너무 강하게 누르면 잘 움직이지 않게 되므로 힘 조절을 하며 끼웁니다.

※ 제품에 들어 있는 조인트 다는 법 설명을 잘 읽은 뒤에 작업하세요.

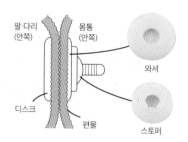

팔을 연결한 몸통의 안쪽. 스토퍼는 한 번 끼우면 고정되어서 떼어낼 수 없습니다.

---

**머리를 몸에 달기**

52 몸통에 솜을 넣는다. 창구멍에서 1단 정도 아래까지가 기준.

53 얼굴이 정면을 향하도록 머리와 몸통을 맞댄다.

54 몸통 뜨개 끝의 실꼬리를 돗바늘에 꿰어서, 몸통 마지막 단 코의 머리 2가닥과 머리 아래쪽 코를 떠서 감친다.

55 구멍이 3cm 정도가 됐으면 몸통 안에 빈틈이 생기지 않도록 다시 솜을 채운다.

56 솜을 다 넣었으면 나머지 창구멍도 감친다.

57 마지막은 15, 16과 같은 요령으로 실을 고정하고, 남은 실을 핀셋으로 몸통 속에 밀어넣는다.

( 꼬리 달기 )

58 원형 기초코로 뜨기 시작해서 뜨개 도안대로 꼬리를 뜨고 솜을 넣는다. 뜨개 끝의 실을 약 20cm 남겨 둔다.

59 앉힌 자세에서 꼬리가 바닥에 닿을 정도의 위치에 시침핀으로 임시 고정한다.

60 뜨개 끝의 실꼬리를 돗바늘에 꿰어 5단의 짧은뜨기 머리에서 뺀다.

61 몸통의 코를 뜬다.
※ 알아보기 쉽도록 시침핀을 빼냈습니다.

62 꼬리 5단의 짧은뜨기 코머리를 줍는다. 60, 61의 요령으로 꼬리와 몸통의 코를 교대로 떠서 꿰맨다.

63 15~17의 요령으로 실을 처리하여 완성.

( 완성 )

머리와 몸통 위치가 마음에 들지 않을 때는 57의 작업에서 몸통에 밀어넣은 실을 끌어내서 다시 달아줍니다.

FRONT

SIDE

BACK

# 01 기본 곰 Photo_ P.4

## ❖ 재료와 용구

<실> 뜨개실 피에로 코튼 니트 라이트브라운(617) 75g, 흑갈색(619) 조금

<바늘> 코바늘 5/0호

<그 외> 지름 6㎜ 야마타카 단추(검정) 2개, 지름 25㎜ 플라스틱 조인트 4세트, 수예용 솜 적당량, 면실(검정) 50㎝

## ❖ 완성 치수

앉은 높이 15㎝, 서 있는 전체 길이 18㎝

## ❖ 뜨는 법 포인트

스티치 이외에는 모두 라이트브라운으로 뜬다.
각 부분은 그림을 참조하여 필요한 장수만큼 뜬다.
뜨는 법, 마무리하는 법은 P.30~35를 참조한다.

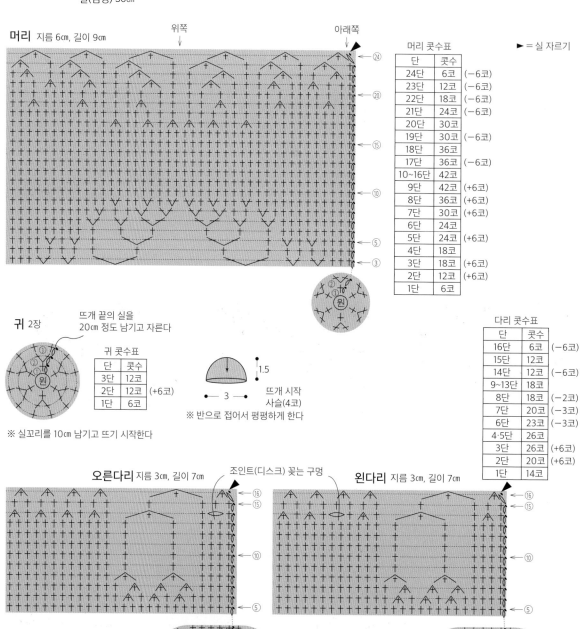

머리 지름 6㎝, 길이 9㎝
위쪽
아래쪽
► = 실 자르기

### 머리 콧수표

| 단 | 콧수 | |
|---|---|---|
| 24단 | 6코 | (−6코) |
| 23단 | 12코 | (−6코) |
| 22단 | 18코 | (−6코) |
| 21단 | 24코 | (−6코) |
| 20단 | 30코 | |
| 19단 | 30코 | (−6코) |
| 18단 | 36코 | |
| 17단 | 36코 | (−6코) |
| 10~16단 | 42코 | |
| 9단 | 42코 | (+6코) |
| 8단 | 36코 | (+6코) |
| 7단 | 30코 | (+6코) |
| 6단 | 24코 | |
| 5단 | 24코 | (+6코) |
| 4단 | 18코 | |
| 3단 | 18코 | (+6코) |
| 2단 | 12코 | (+6코) |
| 1단 | 6코 | |

귀 2장

뜨개 끝의 실을 20㎝ 정도 남기고 자른다

### 귀 콧수표

| 단 | 콧수 | |
|---|---|---|
| 3단 | 12코 | |
| 2단 | 12코 | (+6코) |
| 1단 | 6코 | |

1.5
3
뜨개 시작 사슬(4코)
※ 반으로 접어서 평평하게 한다

※ 실꼬리를 10㎝ 남기고 뜨기 시작한다

### 다리 콧수표

| 단 | 콧수 | |
|---|---|---|
| 16단 | 6코 | (−6코) |
| 15단 | 12코 | |
| 14단 | 12코 | (−6코) |
| 9~13단 | 18코 | |
| 8단 | 18코 | (−2코) |
| 7단 | 20코 | (−3코) |
| 6단 | 23코 | (−3코) |
| 4·5단 | 26코 | |
| 3단 | 26코 | (+6코) |
| 2단 | 20코 | (+6코) |
| 1단 | 14코 | |

오른다리 지름 3㎝, 길이 7㎝
조인트(디스크) 꽂는 구멍
왼다리 지름 3㎝, 길이 7㎝

뜨개 시작 사슬(4코)

± = 짧은 줄기뜨기

뜨개 시작 사슬(4코)

36

**팔** 2개 지름 2.5㎝, 길이 7.5㎝

조인트(디스크) 꽂는 구멍

← ⑯
← ⑮
← ⑩
← ⑥

**몸통** 지름 5㎝, 길이 8㎝

조인트(디스크) 꽂는 구멍(오른팔)  앞쪽  조인트(디스크) 꽂는 구멍(왼팔)  등 쪽  뜨개 끝 실을 50㎝ 정도 남기고 자른다

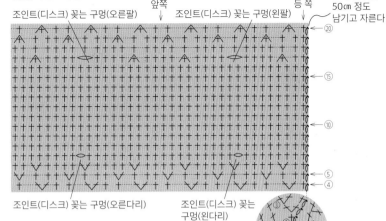

← ⑳
← ⑮
← ⑩
← ⑤
← ④

조인트(디스크) 꽂는 구멍(오른다리)  조인트(디스크) 꽂는 구멍(왼다리)

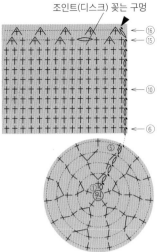

**팔 콧수표**

| 단 | 콧수 | |
|---|---|---|
| 16단 | 5코 | (−5코) |
| 15단 | 10코 | (−5코) |
| 5~14단 | 15코 | |
| 4단 | 15코 | (+5코) |
| 3단 | 10코 | |
| 2단 | 10코 | (+5코) |
| 1단 | 5코 | |

► = 실 자르기

**꼬리** 지름 3㎝, 길이 2㎝

뜨개 끝 실을 20㎝ 정도 남기고 자른다

← ⑥
← ⑤
← ④

**꼬리 콧수표**

| 단 | 콧수 | |
|---|---|---|
| 6단 | 6코 | (−6코) |
| 5단 | 12코 | (−6코) |
| 4단 | 18코 | |
| 3단 | 18코 | (+6코) |
| 2단 | 12코 | (+6코) |
| 1단 | 6코 | |

**몸통 콧수표**

| 단 | 콧수 | |
|---|---|---|
| 20단 | 18코 | (−6코) |
| 19단 | 24코 | (−6코) |
| 18단 | 30코 | |
| 17단 | 30코 | (−6코) |
| 7~16단 | 36코 | |
| 6단 | 36코 | (+6코) |
| 5단 | 30코 | (+6코) |
| 4단 | 24코 | (+6코) |
| 3단 | 18코 | (+6코) |
| 2단 | 12코 | (+6코) |
| 1단 | 6코 | |

## 마무리하는 법

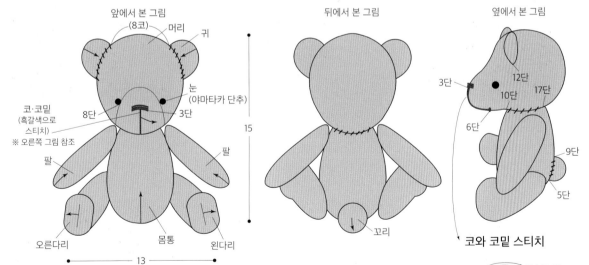

앞에서 본 그림

(8코) 머리  귀
눈 (야마타카 단추)
코·코밑 (흑갈색으로 스티치)
※ 오른쪽 그림 참조
8단  3단
팔  팔
오른다리  몸통  왼다리

뒤에서 본 그림

15
꼬리

옆에서 본 그림

3단  12단
10단  17단
6단
9단
5단

13

① 머리를 뜬다(P.30~31 참조).
② 귀를 뜨고 머리의 정해진 위치에 단다(P.31~32 참조).
③ 눈(야마타카 단추)은 머리의 정해진 위치에 단다(P.32 참조).
④ 코와 코밑은 스티치한다(오른쪽 그림, P.33 참조).
⑤ 다리를 뜬다(P.33 참조).
⑥ 팔을 뜬다(P.34 참조).
⑦ 몸통을 뜨고 팔과 다리를 단다(P.34 참조).
⑧ 머리와 몸통을 균형 잡히게 잇는다(P.34~35 참조).
⑨ 꼬리를 떠서 몸통에 단다(P.35 참조).

### 코와 코밑 스티치

④ 뺀다  ⑤ 넣는다
②
뺀다
※ ④ 뺀다→
⑤ 넣는다를
3회 반복한다
③
넣는다  ① 넣는다
⑥
뺀다
⑦ 처음과 마지막의 실꼬리를 묶는다

# 포인트 레슨 이 책의 작품에서 사용하는 소소한 테크닉이나 깔끔하게 마무리하는 요령을 소개합니다.

고양이 수염 다는 법 ○ photo_ P.4 / How to make_ P.48

 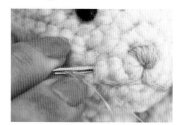 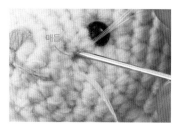

**1** 25㎝의 낚싯줄 3가닥을 인형용 바늘로 왼뺨에서 오른뺨으로 통과시키고, 왼뺨에 약 5㎝ 남도록 당겨 매듭을 짓는다.

**2** 매듭 지은 곳 가까이에 바늘을 넣고, 왼뺨의 낚싯줄 가까이에서 바늘을 빼서 바늘에 꿴 낚싯줄을 끌어당긴다.

**3** 낚싯줄을 왼뺨에 딱 붙여서 매듭 짓고, 다시 **1**의 낚싯줄 위치에 바늘을 넣어서 오른뺨으로 빼고 낚싯줄을 5㎝로 자른다.

사자 갈기 뜨는 법 ○ photo_ P.11 / How to make_ P.50

**1** 9단의 마지막 빼뜨기에서 실을 퍼 얀으로 바꾼다.

**2** 퍼 얀으로 뜨는 단은 뜨개코를 알아보기 어려우므로, 단의 1번째 코를 떴으면 마커를 끼워 둔다.

**3** 조금 떴으면 편물 안쪽에 남아 있는 퍼 얀의 긴 털을 송곳을 이용하여 앞쪽으로 끌어낸다.

사과 옴폭 들어간 부분 만드는 법&꼭지 다는 법 ○ photo_ P.18 / How to make_ P.64

**1** 뜨개 도안대로 열매를 뜨고, 열매의 뜨개 시작과 뜨개 끝을 핀셋을 이용하여 안쪽으로 밀어넣는다. 꼭지도 떠둔다.

**2** 열매에 솜을 넣고 뜨개 끝 쪽을 조여서 막는다. 뜨개 끝의 실꼬리를 인형용 바늘에 꿰어서, **1**에서 옴폭하게 만든 뜨개 시작으로 뺀다.

**3** 이어서 **2**와 조금 어긋난 위치에 바늘을 넣고 뜨개 끝으로 뺀다. 이것을 한 번 더 반복한다.

**4** 실을 당겨서 옴폭한 부분을 정리한다.

**5** 뜨개 시작의 실꼬리를 인형용 바늘로 뜨개 끝으로 빼고, 뜨개 끝의 실꼬리와 맞매듭으로 묶어서 실을 처리한다.

**6** 꼭지의 실꼬리를 인형용 바늘에 꿰고, 한 가닥은 뜨개 시작의 중심에, 다른 한 가닥은 조금 어긋난 위치에 넣어서 뜨개 끝으로 뺀다. 맞매듭으로 묶어서 실을 처리한다.

포도 만드는 법 ○ photo_ P.18 / How to make_ P.68

1 뜨개 도안대로 포도 열매를 떠서 솜을 채운다. 짧은 줄기를 뜬다.

2 줄기를 반으로 접어서, 접은 부분을 포도의 뜨개 끝 쪽에서 코바늘로 끌어내어 실꼬리를 통과시키고 당겨서 조인다.

3 긴 줄기를 떠서 열매에 달고, 정해진 위치에 코바늘로 짧은 줄기의 실꼬리 한 가닥을 빼내어 다른 한 가닥과 맞매듭으로 묶는다. 이 과정을 반복한다.

도넛 뜨는 법&크림 다는 법 ○ photo_ P.17 / How to make_ P.62

1 코바늘 5/0호로 뜨개 도안대로 도넛을 뜬다.

2 코바늘을 7/0호, 실을 크림색으로 바꿔서 도넛의 16단에 남아 있는 머리 반 코를 주워서 짧은뜨기를 1단 뜬다.

3 크림을 뜨개 도안대로 7단 뜨고 실꼬리를 90㎝ 남기고 자른다.

4 도넛의 뜨개 끝을 안쪽으로 밀어넣는다.

5 밀어넣은 모습. 실꼬리도 아래로 빼낸다.

6 5를 뒤집은 모습. 도넛의 뜨개 시작과 뜨개 끝을 감치면서 솜을 채운다.

7 크림색 실꼬리를 돗바늘에 꿰고 1코 돌아가서 바늘을 넣은 후, 솜을 넣은 도넛을 뜨고 2코 앞(★)으로 뺀다.

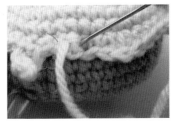

8 그 다음부터도 7처럼 박음질하는 요령으로 꿰맨다.

9 도넛에 크림을 단 모습.

# How to make

뜨개할 때 손땀에는 개인차가 있습니다.

작품 치수를 참고하고 자신의 손땀에 맞춰서

바늘 호수와 실 분량을 적당히 조정하세요.

※ 지정된 것 이외의 그림 속 숫자의 단위는 ㎝입니다.
※ 뜨는 법 기초는 P.86을 참고합니다.
※ 사용 실, 사용 색이 현재 판매 중지되었을 수도 있으니 양해 바랍니다.

## 02 크기가 다른 곰 Photo_ P.5

**○ 재료와 용구**
<실> 뜨개실 피에로 베이직 극태 라이트오크(39) 310g, 코튼 니트 흑갈색(619) 조금
<바늘> 코바늘 8/0호
<그 외> 지름 10mm 야마타카 단추(검정) 1쌍, 지름 45mm 플라스틱 조인트 4세트, 수예용 솜 적당량, 면실(검정) 50㎝

**○ 완성 치수**
앉은 높이 24㎝, 서 있는 전체 길이 29㎝
**○ 뜨는 법 포인트**
스티치는 흑갈색, 그 이외에는 라이트오크 2겹으로 뜬다.
P.30 '기본 곰'과 같은 방법으로 만든다.

## 03 색이 다른 곰 Photo_ P.5

**○ 재료와 용구**
<실> 뜨개실 피에로 코튼 니트 로즈핑크(638) 75g, 흑갈색(619) 조금
<바늘> 코바늘 5/0호
<그 외> 지름 6mm 야마타카 단추(검정) 1쌍, 지름 25mm 플라스틱 조인트 4세트, 수예용 솜 적당량, 면실(검정) 50㎝

**○ 완성 치수**
앉은 높이 15㎝, 서 있는 전체 길이 18㎝
**○ 뜨는 법 포인트**
스티치는 흑갈색, 그 이외에는 로즈핑크로 뜬다.
P.30 '기본 곰'과 같은 방법으로 만든다.

## 04 소재가 다른 곰 Photo_ P.6

**○ 재료와 용구**
<실> 뜨개실 피에로 래빗 콜레트(03) 75g, 코튼 니트(S) 다크브라운(37) 조금
<바늘> 코바늘 7/0호
<그 외> 지름 9mm 플라스틱 아이(다크브라운) 1쌍, 지름 35mm 플라스틱 조인트 4세트, 수예용 솜 적당량, 면실(검정) 50㎝
※ 표지 왼쪽 위의 색이 다른 작품은 래빗 로지(07), 플라스틱 아이(크리스탈블루)를 사용. 그 외에는 공통.

**○ 완성 치수**
앉은 높이 21㎝, 서 있는 전체 길이 23㎝
**○ 뜨는 법 포인트**
스티치는 다크브라운, 그 이외에는 콜레트로 뜬다.
코와 코밑 스티치 이외에는 P.30 '기본 곰'과 같은 방법으로 만든다.

### 코와 코밑 스티치

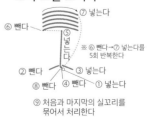

⑦ 넣는다
⑥ 뺀다
⑤ 넣는다
※ ⑥ 뺀다→⑦ 넣는다를 5회 반복한다
② 뺀다   ③ 넣는다
⑧ 뺀다   ④ 뺀다   ① 넣는다
⑨ 처음과 마지막의 실꼬리를 묶어서 처리한다

## 05 개 Photo_ P.7

**◐ 재료와 용구**

<실> 하마나카 아메리 카멜(8) 110g,
아메리 F<합태> 검정(524) 조금
<바늘> 코바늘 6/0호
<그 외> 지름 8㎜ 야마타카 단추(검정) 1쌍, 지름
30㎜ 플라스틱 조인트 4세트, 수예용 솜 적당량, 면
실(검정) 50㎝

**◐ 완성 치수**

앉은 높이 17㎝, 서 있는 전체 길이 20㎝

**◐ 뜨는 법 포인트**

스티치 이외에는 모두 카멜 2겹으로 뜬다.
각 부분은 그림을 참조하여 필요한 장수만큼 뜬다.
마무리하는 법을 참조하여 만든다.

머리 콧수표

| 단 | 콧수 | |
|---|---|---|
| 24단 | 6코 | (−6코) |
| 23단 | 12코 | (−6코) |
| 22단 | 18코 | (−6코) |
| 21단 | 24코 | (−6코) |
| 20단 | 30코 | |
| 19단 | 30코 | (−6코) |
| 18단 | 36코 | |
| 17단 | 36코 | (−6코) |
| 10~16단 | 42코 | |
| 9단 | 42코 | (+6코) |
| 8단 | 36코 | (+6코) |
| 7단 | 30코 | (+6코) |
| 6단 | 24코 | |
| 5단 | 24코 | (+6코) |
| 4단 | 18코 | |
| 3단 | 18코 | (+6코) |
| 2단 | 12코 | (+6코) |
| 1단 | 6코 | |

► = 실 자르기

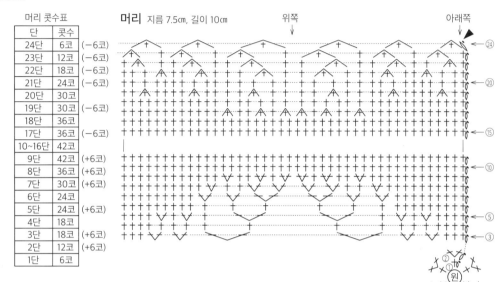

머리 지름 7.5㎝, 길이 10㎝
위쪽
아래쪽

귀 2장

뜨개 끝의 실을 20㎝ 정도 남기고 자른다

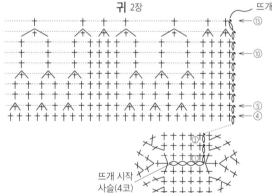

뜨개 시작
사슬(4코)

귀 콧수표

| 단 | 콧수 | |
|---|---|---|
| 13단 | 7코 | |
| 12단 | 7코 | (−7코) |
| 9~11단 | 14코 | |
| 8단 | 14코 | (−6코) |
| 6·7단 | 20코 | |
| 5단 | 20코 | (−6코) |
| 4단 | 26코 | |
| 3단 | 26코 | (+6코) |
| 2단 | 20코 | (+6코) |
| 1단 | 14코 | |

※ 아래 반에
솜을 얇게 넣는다

5.5
7

다리 콧수표

| 단 | 콧수 | |
|---|---|---|
| 16단 | 6코 | (−6코) |
| 15단 | 12코 | |
| 14단 | 12코 | (−6코) |
| 9~13단 | 18코 | |
| 8단 | 18코 | (−2코) |
| 7단 | 20코 | (−3코) |
| 6단 | 23코 | (−3코) |
| 4·5단 | 26코 | |
| 3단 | 26코 | (+6코) |
| 2단 | 20코 | (+6코) |
| 1단 | 14코 | |

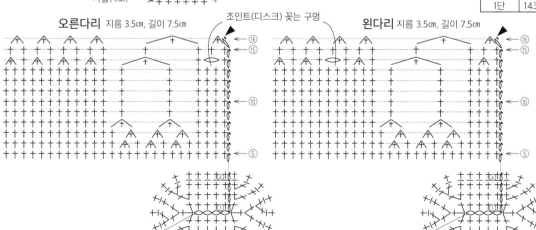

오른다리 지름 3.5㎝, 길이 7.5㎝
조인트(디스크) 꽂는 구멍
왼다리 지름 3.5㎝, 길이 7.5㎝

뜨개 시작
사슬(4코)

뜨개 시작
사슬(4코)

⟂ = 짧은 줄기뜨기

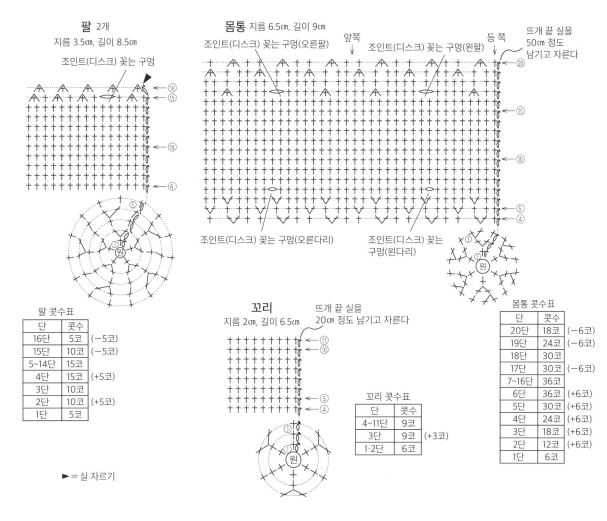

팔 2개
지름 3.5㎝, 길이 8.5㎝
조인트(디스크) 꽂는 구멍

몸통 지름 6.5㎝, 길이 9㎝
조인트(디스크) 꽂는 구멍(오른팔)
앞쪽
조인트(디스크) 꽂는 구멍(왼팔)
등 쪽
뜨개 끝 실을 50㎝ 정도 남기고 자른다
조인트(디스크) 꽂는 구멍(오른다리)
조인트(디스크) 꽂는 구멍(왼다리)

꼬리
지름 2㎝, 길이 6.5㎝
뜨개 끝 실을 20㎝ 정도 남기고 자른다

► = 실 자르기

**팔 콧수표**

| 단 | 콧수 | |
|---|---|---|
| 16단 | 5코 | (−5코) |
| 15단 | 10코 | (−5코) |
| 5~14단 | 15코 | |
| 4단 | 15코 | (+5코) |
| 3단 | 10코 | |
| 2단 | 10코 | (+5코) |
| 1단 | 5코 | |

**꼬리 콧수표**

| 단 | 콧수 | |
|---|---|---|
| 4~11단 | 9코 | |
| 3단 | 9코 | (+3코) |
| 1·2단 | 6코 | |

**몸통 콧수표**

| 단 | 콧수 | |
|---|---|---|
| 20단 | 18코 | (−6코) |
| 19단 | 24코 | (−6코) |
| 18단 | 30코 | |
| 17단 | 30코 | (−6코) |
| 7~16단 | 36코 | |
| 6단 | 36코 | (+6코) |
| 5단 | 30코 | (+6코) |
| 4단 | 24코 | (+6코) |
| 3단 | 18코 | (+6코) |
| 2단 | 12코 | (+6코) |
| 1단 | 6코 | |

## 마무리하는 법

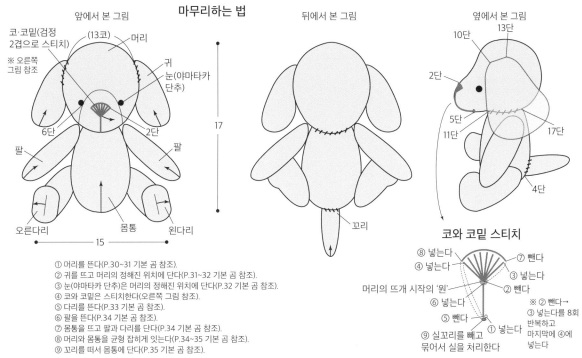

앞에서 본 그림
코·코밑(검정 2겹으로 스티치)
(13코)
머리
※ 오른쪽 그림 참조
귀
눈(야마타카 단추)
6단
2단
팔
팔
오른다리
몸통
왼다리
15
17

뒤에서 본 그림
꼬리

옆에서 본 그림
13단
10단
2단
5단
11단
17단
4단

**코와 코밑 스티치**

⑧ 넣는다
④ 넣는다
⑦ 뺀다
③ 넣는다
② 뺀다
머리의 뜨개 시작의 '원'
⑥ 넣는다
⑤ 뺀다
① 넣는다
⑨ 실꼬리를 빼고 묶어서 실을 처리한다
※ ② 뺀다→
③ 넣는다를 8회 반복하고 마지막에 ④에 넣는다

① 머리를 뜬다(P.30~31 기본 곰 참조).
② 귀를 뜨고 머리의 정해진 위치에 단다(P.31~32 기본 곰 참조).
③ 눈(야마타카 단추)은 머리의 정해진 위치에 단다(P.32 기본 곰 참조).
④ 코와 코밑은 스티치한다(오른쪽 그림 참조).
⑤ 다리를 뜬다(P.33 기본 곰 참조).
⑥ 팔을 뜬다(P.34 기본 곰 참조).
⑦ 몸통을 뜨고 팔과 다리를 단다(P.34 기본 곰 참조).
⑧ 머리와 몸통을 균형 잡히게 잇는다(P.34~35 기본 곰 참조).
⑨ 꼬리를 떠서 몸통에 단다(P.35 기본 곰 참조).

## 06 토끼 Photo_ P.8

**◐ 재료와 용구**

<실> 하나마카 아메리 내추럴화이트(20) 100g, 피치
핑크(28) 조금
<바늘> 코바늘 6/0호
<그 외> 지름 8㎜ 야마타카 단추(검정) 1쌍, 지름 30㎜
플라스틱 조인트 4세트, 수예용 솜 적당량, 면실(검정)
50㎝

**◐ 완성 치수**

앉은 높이 21㎝, 서 있는 전체 길이 24㎝

**◐ 뜨는 법 포인트**

스티치 이외에는 모두 내추럴화이트 2겹으로 뜬다.
각 부분은 그림을 참조하여 필요한 장수만큼 뜬다.
마무리하는 법을 참조하여 만든다.

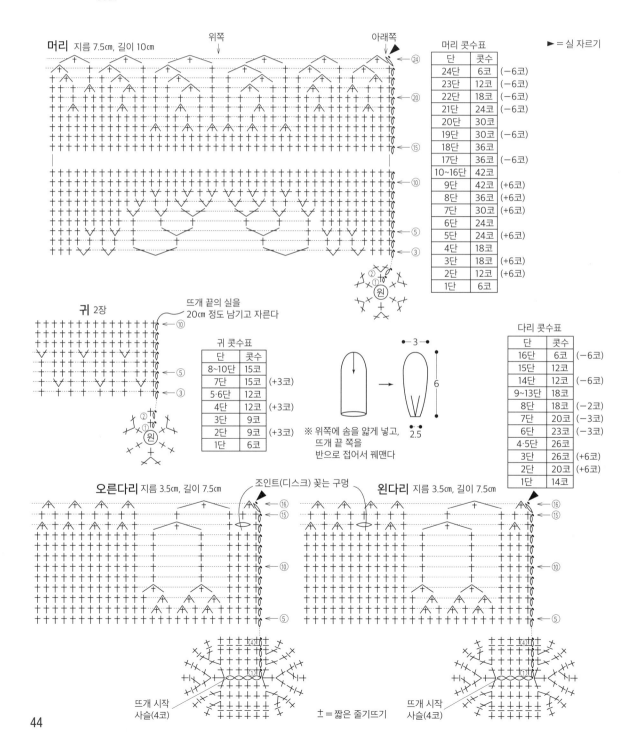

머리 지름 7.5㎝, 길이 10㎝ / 위쪽 / 아래쪽

**머리 콧수표**

| 단 | 콧수 | |
|---|---|---|
| 24단 | 6코 | (−6코) |
| 23단 | 12코 | (−6코) |
| 22단 | 18코 | (−6코) |
| 21단 | 24코 | (−6코) |
| 20단 | 30코 | |
| 19단 | 30코 | (−6코) |
| 18단 | 36코 | |
| 17단 | 36코 | (−6코) |
| 10~16단 | 42코 | |
| 9단 | 42코 | (+6코) |
| 8단 | 36코 | (+6코) |
| 7단 | 30코 | (+6코) |
| 6단 | 24코 | |
| 5단 | 24코 | (+6코) |
| 4단 | 18코 | |
| 3단 | 18코 | (+6코) |
| 2단 | 12코 | (+6코) |
| 1단 | 6코 | |

►=실 자르기

귀 2장

뜨개 끝의 실을
20㎝ 정도 남기고 자른다

**귀 콧수표**

| 단 | 콧수 | |
|---|---|---|
| 8~10단 | 15코 | |
| 7단 | 15코 | (+3코) |
| 5·6단 | 12코 | |
| 4단 | 12코 | (+3코) |
| 3단 | 9코 | |
| 2단 | 9코 | (+3코) |
| 1단 | 6코 | |

※ 위쪽에 솜을 얇게 넣고,
뜨개 끝 쪽을
반으로 접어서 꿰맨다

3 / 6 / 2.5

**다리 콧수표**

| 단 | 콧수 | |
|---|---|---|
| 16단 | 6코 | (−6코) |
| 15단 | 12코 | |
| 14단 | 12코 | (−6코) |
| 9~13단 | 18코 | |
| 8단 | 18코 | (−2코) |
| 7단 | 20코 | (−3코) |
| 6단 | 23코 | (−3코) |
| 4·5단 | 26코 | |
| 3단 | 26코 | (+6코) |
| 2단 | 20코 | (+6코) |
| 1단 | 14코 | |

오른다리 지름 3.5㎝, 길이 7.5㎝

조인트(디스크) 꽂는 구멍

왼다리 지름 3.5㎝, 길이 7.5㎝

뜨개 시작
사슬(4코)

± =짧은 줄기뜨기

뜨개 시작
사슬(4코)

44

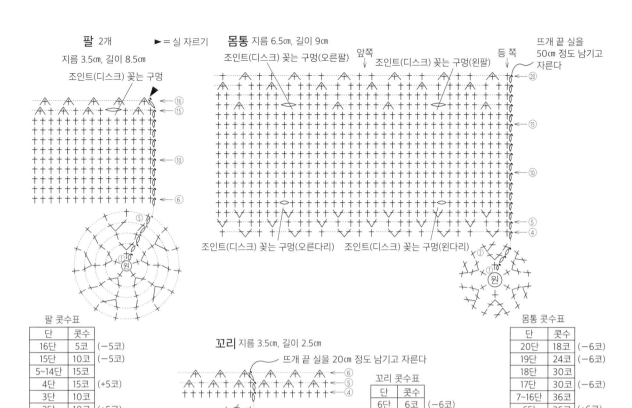

팔 2개 　 ►=실 자르기

지름 3.5㎝, 길이 8.5㎝

조인트(디스크) 꽂는 구멍

⑯ ⑮ ⑩ ⑥

몸통 지름 6.5㎝, 길이 9㎝

조인트(디스크) 꽂는 구멍(오른팔)　앞쪽　조인트(디스크) 꽂는 구멍(왼팔)　등 쪽

뜨개 끝 실을 50㎝ 정도 남기고 자른다

⑳ ⑮ ⑩ ⑤ ④

조인트(디스크) 꽂는 구멍(오른다리)　조인트(디스크) 꽂는 구멍(왼다리)

원

### 팔 콧수표

| 단 | 콧수 | |
|---|---|---|
| 16단 | 5코 | (−5코) |
| 15단 | 10코 | (−5코) |
| 5~14단 | 15코 | |
| 4단 | 15코 | (+5코) |
| 3단 | 10코 | |
| 2단 | 10코 | (+5코) |
| 1단 | 5코 | |

### 꼬리 지름 3.5㎝, 길이 2.5㎝

뜨개 끝 실을 20㎝ 정도 남기고 자른다

⑥ ⑤ ④

원

### 꼬리 콧수표

| 단 | 콧수 | |
|---|---|---|
| 6단 | 6코 | (−6코) |
| 5단 | 12코 | (−6코) |
| 4단 | 18코 | |
| 3단 | 18코 | (+6코) |
| 2단 | 12코 | (+6코) |
| 1단 | 6코 | |

### 몸통 콧수표

| 단 | 콧수 | |
|---|---|---|
| 20단 | 18코 | (−6코) |
| 19단 | 24코 | (−6코) |
| 18단 | 30코 | |
| 17단 | 30코 | (−6코) |
| 7~16단 | 36코 | |
| 6단 | 36코 | (+6코) |
| 5단 | 30코 | (+6코) |
| 4단 | 24코 | (+6코) |
| 3단 | 18코 | (+6코) |
| 2단 | 12코 | (+6코) |
| 1단 | 6코 | |

## 마무리하는 법

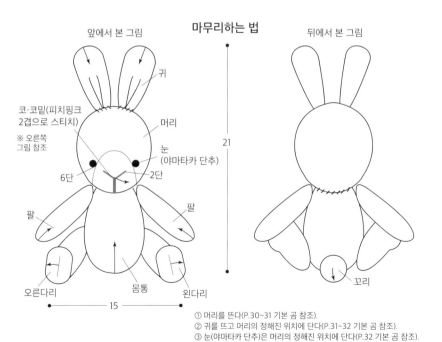

앞에서 본 그림

코·코밑(피치핑크 2겹으로 스티치)

※ 오른쪽 그림 참조

6단　2단

눈 (야마타카 단추)

귀

머리

팔　팔

오른다리　몸통　왼다리

◄— 15 —►

21

뒤에서 본 그림

꼬리

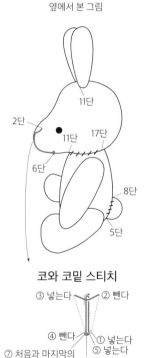

옆에서 본 그림

11단

2단　11단　17단

6단　8단

5단

### 코와 코밑 스티치

③ 넣는다　② 뺀다

④ 뺀다　① 넣는다

⑤ 넣는다

⑥ 뺀다

⑦ 처음과 마지막의 실꼬리를 묶는다

① 머리를 뜬다(P.30~31 기본 곰 참조).
② 귀를 뜨고 머리의 정해진 위치에 단다(P.31~32 기본 곰 참조).
③ 눈(야마타카 단추)은 머리의 정해진 위치에 단다(P.32 기본 곰 참조).
④ 코와 코밑은 스티치한다(오른쪽 그림 참조).
⑤ 다리를 뜬다(P.33 기본 곰 참조).
⑥ 팔을 뜬다(P.34 기본 곰 참조).
⑦ 몸통을 뜨고 팔과 다리를 단다(P.34 기본 곰 참조).
⑧ 머리와 몸통을 균형 잡히게 잇는다(P.34~35 기본 곰 참조).
⑨ 꼬리를 떠서 몸통에 단다(P.35 기본 곰 참조).

## 07 판다 Photo_ P.9

**❂ 재료와 용구**

&lt;실&gt; 뜨개실 피에로 베이직 극태 내추럴(32) 60g, 모노크롬(35) 55g, 코튼 니트 흑갈색(619) 조금
&lt;바늘&gt; 코바늘 6/0호
&lt;그 외&gt; 지름 8㎜ 야마타카 단추(검정) 1쌍, 지름 30㎜ 플라스틱 조인트 4세트, 수예용 솜 적당량, 면실(검정) 50㎝

**❂ 완성 치수**

앉은 높이 17㎝, 서 있는 전체 길이 20㎝

**❂ 뜨는 법 포인트**

각 부분은 그림을 참조하여 배색대로 필요한 장수만큼 뜬다.
마무리하는 법을 참조하여 만든다.

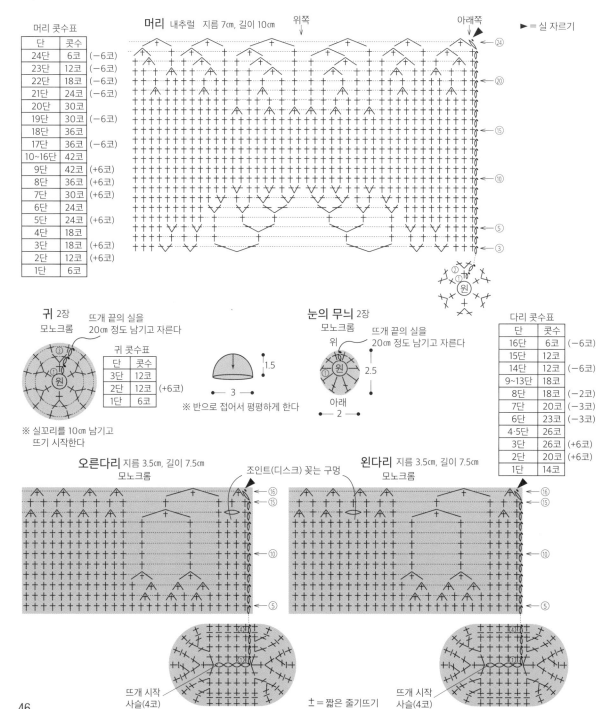

**머리 콧수표**

| 단 | 콧수 | |
|---|---|---|
| 24단 | 6코 | (−6코) |
| 23단 | 12코 | (−6코) |
| 22단 | 18코 | (−6코) |
| 21단 | 24코 | (−6코) |
| 20단 | 30코 | |
| 19단 | 30코 | (−6코) |
| 18단 | 36코 | |
| 17단 | 36코 | (−6코) |
| 10~16단 | 42코 | |
| 9단 | 42코 | (+6코) |
| 8단 | 36코 | (+6코) |
| 7단 | 30코 | (+6코) |
| 6단 | 24코 | |
| 5단 | 24코 | (+6코) |
| 4단 | 18코 | |
| 3단 | 18코 | (+6코) |
| 2단 | 12코 | (+6코) |
| 1단 | 6코 | |

**머리** 내추럴 지름 7㎝, 길이 10㎝  위쪽  아래쪽  ► = 실 자르기

**귀** 2장 모노크롬

뜨개 끝의 실을 20㎝ 정도 남기고 자른다

**귀 콧수표**

| 단 | 콧수 | |
|---|---|---|
| 3단 | 12코 | |
| 2단 | 12코 | (+6코) |
| 1단 | 6코 | |

1.5
← 3 →
※ 반으로 접어서 평평하게 한다

※ 실꼬리를 10㎝ 남기고 뜨기 시작한다

**눈의 무늬** 2장 모노크롬
위
아래
뜨개 끝의 실을 20㎝ 정도 남기고 자른다
2.5
← 2 →

**다리 콧수표**

| 단 | 콧수 | |
|---|---|---|
| 16단 | 6코 | (−6코) |
| 15단 | 12코 | |
| 14단 | 12코 | (−6코) |
| 9~13단 | 18코 | |
| 8단 | 18코 | (−2코) |
| 7단 | 20코 | (−3코) |
| 6단 | 23코 | (−3코) |
| 4·5단 | 26코 | |
| 3단 | 26코 | (+6코) |
| 2단 | 20코 | (+6코) |
| 1단 | 14코 | |

**오른다리** 지름 3.5㎝, 길이 7.5㎝ 모노크롬

조인트(디스크) 꽃는 구멍

**왼다리** 지름 3.5㎝, 길이 7.5㎝ 모노크롬

뜨개 시작 사슬(4코)

뜨개 시작 사슬(4코)

± = 짧은 줄기뜨기

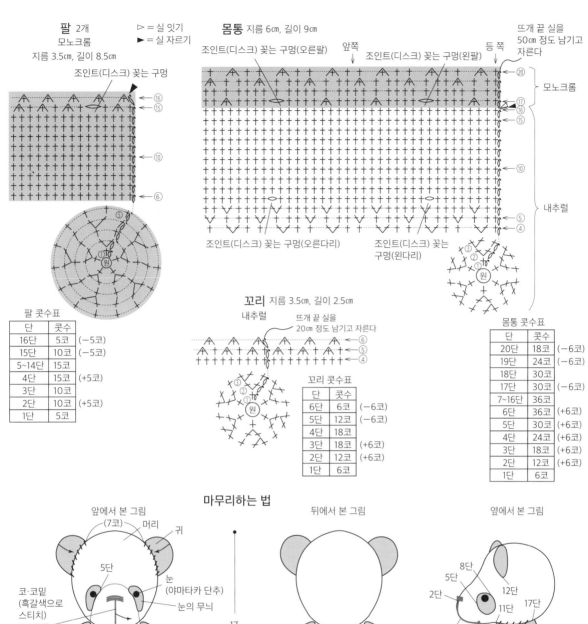

**팔** 2개
모노크롬
지름 3.5㎝, 길이 8.5㎝

▷ = 실 잇기
► = 실 자르기

조인트(디스크) 꽂는 구멍

**몸통** 지름 6㎝, 길이 9㎝

조인트(디스크) 꽂는 구멍(오른팔)
앞쪽
조인트(디스크) 꽂는 구멍(왼팔)
등 쪽
뜨개 끝 실을 50㎝ 정도 남기고 자른다

모노크롬

내추럴

조인트(디스크) 꽂는 구멍(오른다리)
조인트(디스크) 꽂는 구멍(왼다리)

**팔 콧수표**

| 단 | 콧수 | |
|---|---|---|
| 16단 | 5코 | (−5코) |
| 15단 | 10코 | (−5코) |
| 5~14단 | 15코 | |
| 4단 | 15코 | (+5코) |
| 3단 | 10코 | |
| 2단 | 10코 | (+5코) |
| 1단 | 5코 | |

**꼬리** 지름 3.5㎝, 길이 2.5㎝
내추럴
뜨개 끝 실을 20㎝ 정도 남기고 자른다

**꼬리 콧수표**

| 단 | 콧수 | |
|---|---|---|
| 6단 | 6코 | (−6코) |
| 5단 | 12코 | (−6코) |
| 4단 | 18코 | |
| 3단 | 18코 | (+6코) |
| 2단 | 12코 | (+6코) |
| 1단 | 6코 | |

**몸통 콧수표**

| 단 | 콧수 | |
|---|---|---|
| 20단 | 18코 | (−6코) |
| 19단 | 24코 | (−6코) |
| 18단 | 30코 | |
| 17단 | 30코 | (−6코) |
| 7~16단 | 36코 | |
| 6단 | 36코 | (+6코) |
| 5단 | 30코 | (+6코) |
| 4단 | 24코 | (+6코) |
| 3단 | 18코 | (+6코) |
| 2단 | 12코 | (+6코) |
| 1단 | 6코 | |

## 마무리하는 법

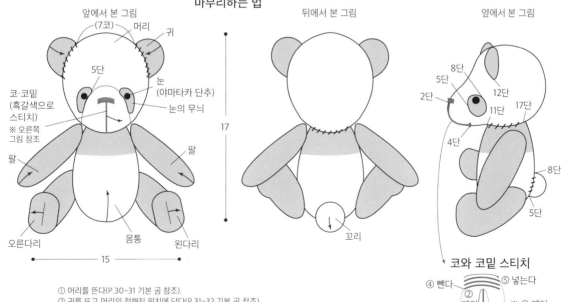

앞에서 본 그림
(7코) 머리
귀
5단
눈
(야마타카 단추)
눈의 무늬
코·코밑
(흑갈색으로 스티치)
※ 오른쪽 그림 참조
팔
팔
오른다리
몸통
왼다리
— 15 —

뒤에서 본 그림
꼬리
17

옆에서 본 그림
8단
5단
2단
12단
11단
17단
4단
8단
5단

**코와 코밑 스티치**
④ 뺀다
⑤ 넣는다
②뺀다
③ 넣는다
⑥ 뺀다
①넣는다
※ ④ 뺀다→ ⑤ 넣는다를 3회 반복한다
⑦ 처음과 마지막의 실꼬리를 묶어서 처리한다

① 머리를 뜬다(P.30~31 기본 곰 참조).
② 귀를 뜨고 머리의 정해진 위치에 단다(P.31~32 기본 곰 참조).
③ 눈의 무늬는 얼굴에 달고 눈(야마타카 단추)은 눈의 무늬 위에 단다(P.32 기본 곰 참조).
④ 코와 코밑은 스티치한다(오른쪽 그림, P.33 참조).
⑤ 다리를 뜬다(P.33 기본 곰 참조).
⑥ 팔을 뜬다(P.34 기본 곰 참조).
⑦ 몸통을 뜨고 팔과 다리를 단다(P.34 기본 곰 참조).
⑧ 머리와 몸통을 균형 잡히게 잇는다(P.34~35 기본 곰 참조).
⑨ 꼬리를 떠서 몸통에 단다(P.35 기본 곰 참조).

## 08 고양이 Photo_ P.10

### ⭘ 재료와 용구

&lt;실&gt; 하마나카 아메리 내추럴화이트(20) 95g, 피치핑크(28) 5g

&lt;바늘&gt; 코바늘 6/0호

&lt;그 외&gt; 지름 8㎜ 야마타카 단추(검정) 1쌍, 지름 30㎜ 플라스틱 조인트 4세트, 낚싯줄 8호 75㎝, 수예용 솜 적당량, 면실(검정) 50㎝

### ⭘ 완성 치수

앉은 높이 17㎝, 서 있는 전체 길이 21㎝

### ⭘ 뜨는 법 포인트

스티치는 1겹, 그 이외에는 모두 2겹으로 뜬다.

각 부분은 그림을 참조하여 배색대로 필요한 장수만큼 뜬다.

마무리하는 법을 참조하여 만든다.

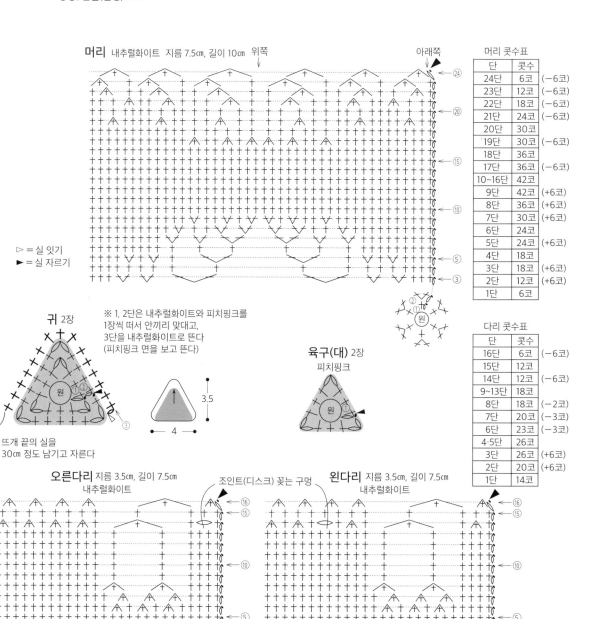

머리 콧수표

| 단 | 콧수 | |
|---|---|---|
| 24단 | 6코 | (−6코) |
| 23단 | 12코 | (−6코) |
| 22단 | 18코 | (−6코) |
| 21단 | 24코 | (−6코) |
| 20단 | 30코 | |
| 19단 | 30코 | (−6코) |
| 18단 | 36코 | |
| 17단 | 36코 | (−6코) |
| 10~16단 | 42코 | |
| 9단 | 42코 | (+6코) |
| 8단 | 36코 | (+6코) |
| 7단 | 30코 | (+6코) |
| 6단 | 24코 | |
| 5단 | 24코 | (+6코) |
| 4단 | 18코 | |
| 3단 | 18코 | (+6코) |
| 2단 | 12코 | (+6코) |
| 1단 | 6코 | |

다리 콧수표

| 단 | 콧수 | |
|---|---|---|
| 16단 | 6코 | (−6코) |
| 15단 | 12코 | |
| 14단 | 12코 | (−6코) |
| 9~13단 | 18코 | |
| 8단 | 18코 | (−2코) |
| 7단 | 20코 | (−3코) |
| 6단 | 23코 | (−3코) |
| 4·5단 | 26코 | |
| 3단 | 26코 | (+6코) |
| 2단 | 20코 | (+6코) |
| 1단 | 14코 | |

▷ = 실 잇기
► = 실 자르기

머리 내추럴화이트 지름 7.5㎝, 길이 10㎝ 위쪽    아래쪽

귀 2장

※ 1, 2단은 내추럴화이트와 피치핑크를 1장씩 떠서 안끼리 맞대고, 3단을 내추럴화이트로 뜬다 (피치핑크 면을 보고 뜬다)

뜨개 끝의 실을 30㎝ 정도 남기고 자른다

3.5
4

육구(대) 2장
피치핑크

오른다리 지름 3.5㎝, 길이 7.5㎝
내추럴화이트

조인트(디스크) 꽂는 구멍

왼다리 지름 3.5㎝, 길이 7.5㎝
내추럴화이트

뜨개 시작
사슬(4코)

± =짧은 줄기뜨기

뜨개 시작
사슬(4코)

48

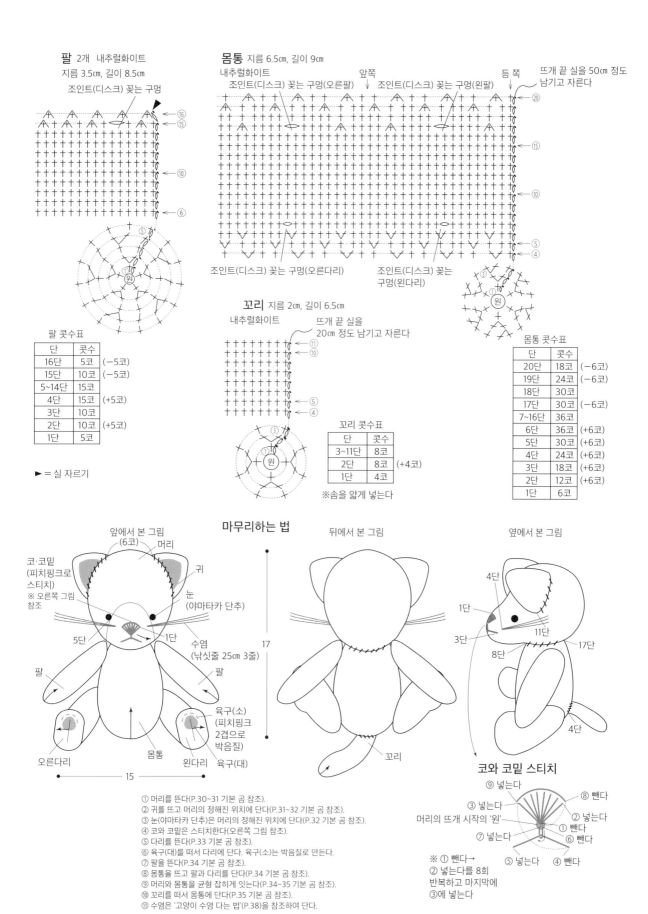

**팔** 2개  내추럴화이트
지름 3.5㎝, 길이 8.5㎝
조인트(디스크) 꽂는 구멍

**몸통** 지름 6.5㎝, 길이 9㎝
내추럴화이트
조인트(디스크) 꽂는 구멍(오른팔)    앞쪽    조인트(디스크) 꽂는 구멍(왼팔)    등 쪽    뜨개 끝 실을 50㎝ 정도 남기고 자른다
조인트(디스크) 꽂는 구멍(오른다리)    조인트(디스크) 꽂는 구멍(왼다리)

**꼬리** 지름 2㎝, 길이 6.5㎝
내추럴화이트
뜨개 끝 실을 20㎝ 정도 남기고 자른다

### 팔 콧수표

| 단 | 콧수 | |
| --- | --- | --- |
| 16단 | 5코 | (−5코) |
| 15단 | 10코 | (−5코) |
| 5~14단 | 15코 | |
| 4단 | 15코 | (+5코) |
| 3단 | 10코 | |
| 2단 | 10코 | (+5코) |
| 1단 | 5코 | |

► = 실 자르기

### 꼬리 콧수표

| 단 | 콧수 | |
| --- | --- | --- |
| 3~11단 | 8코 | |
| 2단 | 8코 | (+4코) |
| 1단 | 4코 | |

※솜을 얇게 넣는다

### 몸통 콧수표

| 단 | 콧수 | |
| --- | --- | --- |
| 20단 | 18코 | (−6코) |
| 19단 | 24코 | (−6코) |
| 18단 | 30코 | |
| 17단 | 30코 | (−6코) |
| 7~16단 | 36코 | |
| 6단 | 36코 | (+6코) |
| 5단 | 30코 | (+6코) |
| 4단 | 24코 | (+6코) |
| 3단 | 18코 | (+6코) |
| 2단 | 12코 | (+6코) |
| 1단 | 6코 | |

## 마무리하는 법

앞에서 본 그림    뒤에서 본 그림    옆에서 본 그림

(6코) 머리
귀
코·코밑 (피치핑크로 스티치) ※ 오른쪽 그림 참조
눈 (야마타카 단추)
5단    1단
수염 (낚싯줄 25㎝ 3줄)
팔    팔
육구(소) (피치핑크 2겹으로 박음질)
육구(대)
오른다리    몸통    왼다리
17    15
꼬리
4단    1단    3단    8단    11단    17단    4단

### 코와 코밑 스티치

머리의 뜨개 시작의 '원'
⑨ 넣는다    ③ 넣는다    ⑧ 뺀다    ② 넣는다    ① 뺀다    ⑥ 뺀다    ⑦ 넣는다    ⑤ 넣는다    ④ 뺀다
※ ① 뺀다→
② 넣는다를 8회
반복하고 마지막에
③에 넣는다

① 머리를 뜬다(P.30~31 기본 곰 참조).
② 귀를 뜨고 머리의 정해진 위치에 단다(P.31~32 기본 곰 참조).
③ 눈(야마타카 단추)은 머리의 정해진 위치에 단다(P.32 기본 곰 참조).
④ 코와 코밑은 스티치한다(오른쪽 그림 참조).
⑤ 다리를 뜬다(P.33 기본 곰 참조).
⑥ 육구(대)를 떠서 다리에 단다. 육구(소)는 박음질로 만든다.
⑦ 팔을 뜬다(P.34 기본 곰 참조).
⑧ 몸통을 뜨고 팔과 다리를 단다(P.34 기본 곰 참조).
⑨ 머리와 몸통을 균형 잡히게 잇는다(P.34~35 기본 곰 참조).
⑩ 꼬리를 떠서 몸통에 단다(P.35 기본 곰 참조).
⑪ 수염은 '고양이 수염 다는 법'(P.38)을 참조하여 단다.

## 09 사자 Photo_ P.11

**⬥ 재료와 용구**

<실> 하마나카 아메리 카멜(8) 75g, 루포 갈색 계열 믹스(4) 25g, 아메리 F<합태> 갈색 (519) 조금
<바늘> 코바늘 8/0호, 6/0호
<그 외> 지름 8㎜ 야마타카 단추(검정) 1쌍, 지름 30㎜ 플라스틱 조인트 4세트, 수예용 솜 적당량, 면실(검정) 50㎝

**⬥ 완성 치수**

앉은 높이 19㎝, 서 있는 전체 길이 22㎝

**⬥ 뜨는 법 포인트**

카멜은 2겹(6/0호 바늘), 갈색 계열 믹스는 1겹(8/0호 바늘)으로 뜬다. 머리와 꼬리, 스티치 이외에는 모두 카멜 2겹(6/0호 바늘)으로 뜬다. 각 부분은 그림을 참조하여 배색대로 필요한 장수만큼 뜬다.
마무리하는 법을 참조하여 만든다.

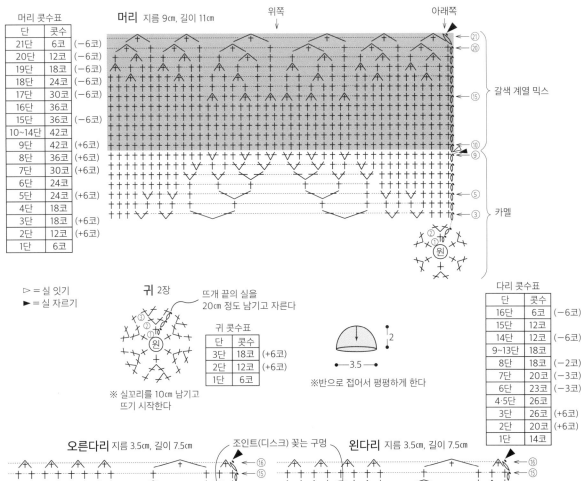

**머리 콧수표**

| 단 | 콧수 | |
|---|---|---|
| 21단 | 6코 | (−6코) |
| 20단 | 12코 | (−6코) |
| 19단 | 18코 | (−6코) |
| 18단 | 24코 | (−6코) |
| 17단 | 30코 | (−6코) |
| 16단 | 36코 | |
| 15단 | 36코 | (−6코) |
| 10~14단 | 42코 | |
| 9단 | 42코 | (+6코) |
| 8단 | 36코 | (+6코) |
| 7단 | 30코 | (+6코) |
| 6단 | 24코 | |
| 5단 | 24코 | (+6코) |
| 4단 | 18코 | |
| 3단 | 18코 | (+6코) |
| 2단 | 12코 | (+6코) |
| 1단 | 6코 | |

머리 지름 9㎝, 길이 11㎝

위쪽 / 아래쪽

갈색 계열 믹스

카멜

▷ = 실 잇기
► = 실 자르기

**귀** 2장

뜨개 끝의 실을 20㎝ 정도 남기고 자른다

**귀 콧수표**

| 단 | 콧수 | |
|---|---|---|
| 3단 | 18코 | (+6코) |
| 2단 | 12코 | (+6코) |
| 1단 | 6코 | |

※ 실꼬리를 10㎝ 남기고 뜨기 시작한다

3.5
2
※반으로 접어서 평평하게 한다

**다리 콧수표**

| 단 | 콧수 | |
|---|---|---|
| 16단 | 6코 | (−6코) |
| 15단 | 12코 | |
| 14단 | 12코 | (−6코) |
| 9~13단 | 18코 | |
| 8단 | 18코 | (−2코) |
| 7단 | 20코 | (−3코) |
| 6단 | 23코 | (−3코) |
| 4·5단 | 26코 | |
| 3단 | 26코 | (+6코) |
| 2단 | 20코 | (+6코) |
| 1단 | 14코 | |

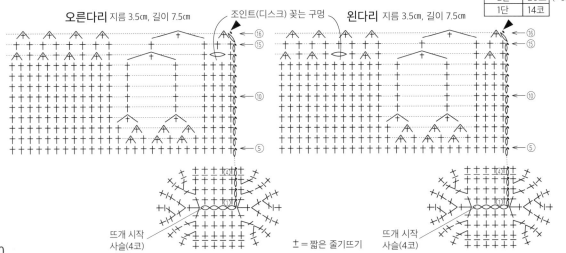

**오른다리** 지름 3.5㎝, 길이 7.5㎝

조인트(디스크) 꽂는 구멍

**왼다리** 지름 3.5㎝, 길이 7.5㎝

뜨개 시작 사슬(4코)

± = 짧은 줄기뜨기

뜨개 시작 사슬(4코)

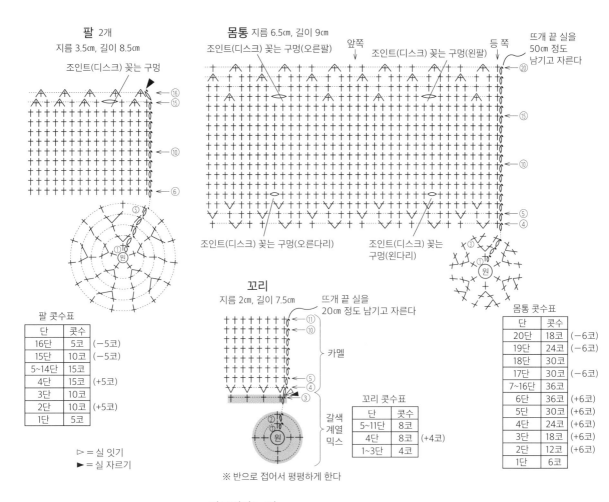

**팔** 2개
지름 3.5cm, 길이 8.5cm

조인트(디스크) 꽂는 구멍

⑯
⑮
⑩
⑥

**몸통** 지름 6.5cm, 길이 9cm

조인트(디스크) 꽂는 구멍(오른팔)
앞쪽
조인트(디스크) 꽂는 구멍(왼팔)
등 쪽
뜨개 끝 실을 50cm 정도 남기고 자른다
⑳
⑮
⑩
⑤
④

조인트(디스크) 꽂는 구멍(오른다리)
조인트(디스크) 꽂는 구멍(왼다리)

**꼬리**
지름 2cm, 길이 7.5cm
뜨개 끝 실을 20cm 정도 남기고 자른다
⑪
⑩
⑤
④
③
②
원

카멜

갈색 계열 믹스

※ 반으로 접어서 평평하게 한다

**팔 콧수표**

| 단 | 콧수 |  |
|---|---|---|
| 16단 | 5코 | (−5코) |
| 15단 | 10코 | (−5코) |
| 5~14단 | 15코 |  |
| 4단 | 15코 | (+5코) |
| 3단 | 10코 |  |
| 2단 | 10코 | (+5코) |
| 1단 | 5코 |  |

▷ = 실 잇기
► = 실 자르기

**꼬리 콧수표**

| 단 | 콧수 |  |
|---|---|---|
| 5~11단 | 8코 |  |
| 4단 | 8코 | (+4코) |
| 1~3단 | 4코 |  |

**몸통 콧수표**

| 단 | 콧수 |  |
|---|---|---|
| 20단 | 18코 | (−6코) |
| 19단 | 24코 | (−6코) |
| 18단 | 30코 |  |
| 17단 | 30코 | (−6코) |
| 7~16단 | 36코 |  |
| 6단 | 36코 | (+6코) |
| 5단 | 30코 | (+6코) |
| 4단 | 24코 | (+6코) |
| 3단 | 18코 | (+6코) |
| 2단 | 12코 | (+6코) |
| 1단 | 6코 |  |

## 마무리하는 법

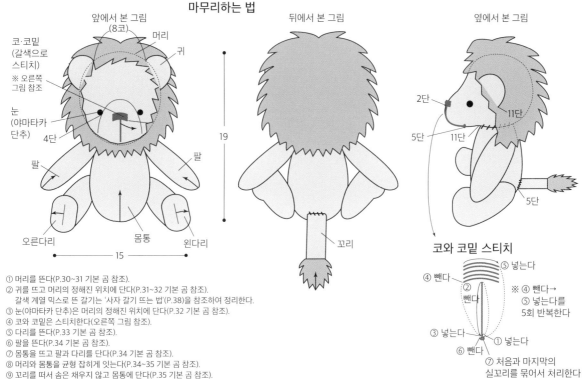

앞에서 본 그림
뒤에서 본 그림
옆에서 본 그림

앞에서 본 그림 (8코)
머리
귀
코·코밑 (갈색으로 스티치)
※ 오른쪽 그림 참조
눈 (야마타카 단추)
4단
팔
팔
오른다리
몸통
왼다리
15

19

2단
11단
5단
11단
5단
꼬리

**코와 코밑 스티치**

⑤ 넣는다
④ 뺀다
② 뺀다
③ 넣는다
① 넣는다
⑥ 뺀다
※ ④ 뺀다→ ⑤ 넣는다를 5회 반복한다
⑦ 처음과 마지막의 실꼬리를 묶어서 처리한다

① 머리를 뜬다(P.30~31 기본 곰 참조).
② 귀를 뜨고 머리의 정해진 위치에 단다(P.31~32 기본 곰 참조).
　갈색 계열 믹스로 뜬 갈기는 '사자 갈기 뜨는 법'(P.38)을 참조하여 정리한다.
③ 눈(야마타카 단추)은 머리의 정해진 위치에 단다(P.32 기본 곰 참조).
④ 코와 코밑은 스티치한다(오른쪽 그림 참조).
⑤ 다리를 뜬다(P.33 기본 곰 참조).
⑥ 팔을 뜬다(P.34 기본 곰 참조).
⑦ 몸통을 뜨고 팔과 다리를 단다(P.34 기본 곰 참조).
⑧ 머리와 몸통을 균형 잡히게 잇는다(P.34~35 기본 곰 참조).
⑨ 꼬리를 떠서 솜은 채우지 않고 몸통에 단다(P.35 기본 곰 참조).

## 10 양 Photo_ P.12

### ◐ 재료와 용구
<실> 뜨개실 피에로 래빗 펠리스(02) 80g, 베이직 극
태 메이플(31) 70g, 코튼 니트 흑갈색(619) 조금
<바늘> 코바늘 8/0호, 6/0호
<그 외> 지름 8㎜ 야마타카 단추(검정) 1쌍, 지름 30㎜
플라스틱 조인트 4세트, 수예용 솜 적당량, 면실(검정)
50㎝

### ◐ 완성 치수
앉은 높이 20㎝, 서 있는 전체 길이 23㎝

### ◐ 뜨는 법 포인트
펠리스는 2겹(8/0호 바늘), 메이플은 1겹(6/0호 바늘)으로 뜬
다.
각 부분은 그림을 참조하여 배색대로 필요한 장수만큼 뜬다.
마무리하는 법을 참조하여 만든다.

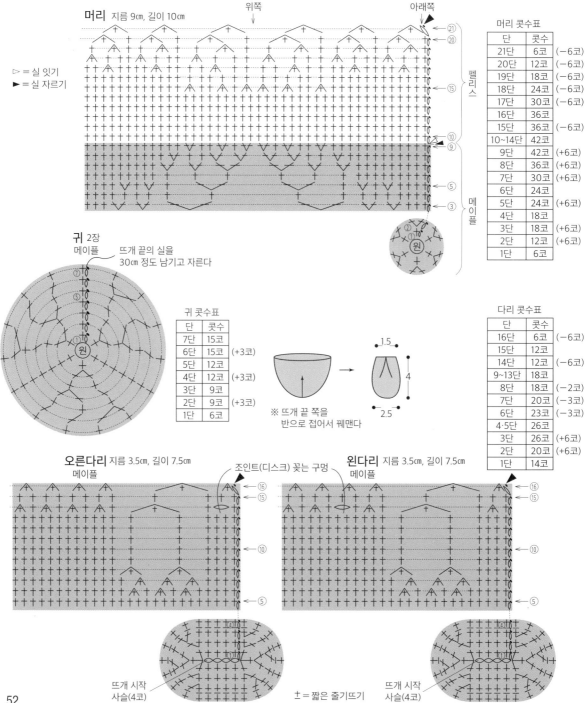

| 머리 콧수표 | | |
|---|---|---|
| 단 | 콧수 | |
| 21단 | 6코 | (−6코) |
| 20단 | 12코 | (−6코) |
| 19단 | 18코 | (−6코) |
| 18단 | 24코 | (−6코) |
| 17단 | 30코 | (−6코) |
| 16단 | 36코 | |
| 15단 | 36코 | (−6코) |
| 10~14단 | 42코 | |
| 9단 | 42코 | (+6코) |
| 8단 | 36코 | (+6코) |
| 7단 | 30코 | (+6코) |
| 6단 | 24코 | |
| 5단 | 24코 | (+6코) |
| 4단 | 18코 | |
| 3단 | 18코 | (+6코) |
| 2단 | 12코 | (+6코) |
| 1단 | 6코 | |

| 귀 콧수표 | | |
|---|---|---|
| 단 | 콧수 | |
| 7단 | 15코 | |
| 6단 | 15코 | (+3코) |
| 5단 | 12코 | |
| 4단 | 12코 | (+3코) |
| 3단 | 9코 | |
| 2단 | 9코 | (+3코) |
| 1단 | 6코 | |

| 다리 콧수표 | | |
|---|---|---|
| 단 | 콧수 | |
| 16단 | 6코 | (−6코) |
| 15단 | 12코 | |
| 14단 | 12코 | (−6코) |
| 9~13단 | 18코 | |
| 8단 | 18코 | (−2코) |
| 7단 | 20코 | (−3코) |
| 6단 | 23코 | (−3코) |
| 4·5단 | 26코 | |
| 3단 | 26코 | (+6코) |
| 2단 | 20코 | (+6코) |
| 1단 | 14코 | |

▷ = 실 잇기
► = 실 자르기

머리 지름 9㎝, 길이 10㎝
귀 2장 메이플 뜨개 끝의 실을 30㎝ 정도 남기고 자른다
※ 뜨개 끝 쪽을 반으로 접어서 꿰맨다
오른다리 지름 3.5㎝, 길이 7.5㎝ 메이플
왼다리 지름 3.5㎝, 길이 7.5㎝ 메이플
조인트(디스크) 꽂는 구멍
뜨개 시작 사슬(4코)
± = 짧은 줄기뜨기

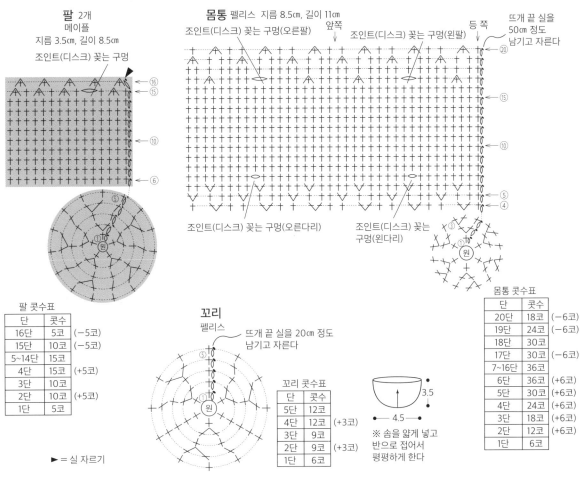

**팔** 2개
메이플
지름 3.5㎝, 길이 8.5㎝
조인트(디스크) 꽂는 구멍

**몸통** 펠리스  지름 8.5㎝, 길이 11㎝
조인트(디스크) 꽂는 구멍(오른팔)
앞쪽
조인트(디스크) 꽂는 구멍(왼팔)
등 쪽
뜨개 끝 실을 50㎝ 정도 남기고 자른다

조인트(디스크) 꽂는 구멍(오른다리)
조인트(디스크) 꽂는 구멍(왼다리)

**팔 콧수표**

| 단 | 콧수 | |
|---|---|---|
| 16단 | 5코 | (-5코) |
| 15단 | 10코 | (-5코) |
| 5~14단 | 15코 | |
| 4단 | 15코 | (+5코) |
| 3단 | 10코 | |
| 2단 | 10코 | (+5코) |
| 1단 | 5코 | |

**꼬리**
펠리스
뜨개 끝 실을 20㎝ 정도 남기고 자른다

**꼬리 콧수표**

| 단 | 콧수 | |
|---|---|---|
| 5단 | 12코 | |
| 4단 | 12코 | (+3코) |
| 3단 | 9코 | |
| 2단 | 9코 | (+3코) |
| 1단 | 6코 | |

※ 솜을 얇게 넣고 반으로 접어서 평평하게 한다
3.5
4.5

**몸통 콧수표**

| 단 | 콧수 | |
|---|---|---|
| 20단 | 18코 | (-6코) |
| 19단 | 24코 | (-6코) |
| 18단 | 30코 | |
| 17단 | 30코 | (-6코) |
| 7~16단 | 36코 | |
| 6단 | 36코 | (+6코) |
| 5단 | 30코 | (+6코) |
| 4단 | 24코 | (+6코) |
| 3단 | 18코 | (+6코) |
| 2단 | 12코 | (+6코) |
| 1단 | 6코 | |

► = 실 자르기

---

## 마무리하는 법

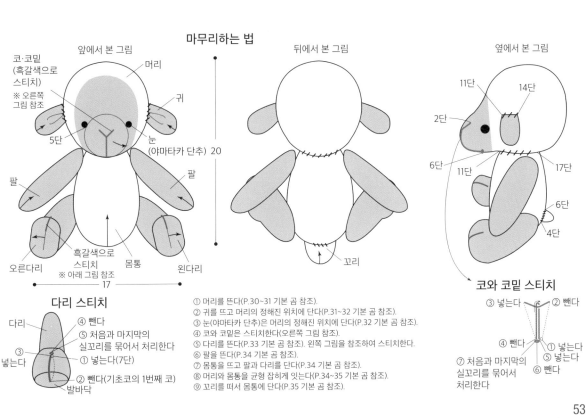

앞에서 본 그림
코·코밑 (흑갈색으로 스티치)
※ 오른쪽 그림 참조
머리
귀
5단
눈 (야마타카 단추) 20
팔
팔
오른다리
흑갈색으로 스티치
※ 아래 그림 참조
몸통
왼다리
17

뒤에서 본 그림
꼬리

옆에서 본 그림
11단
14단
2단
6단
11단
17단
6단
4단

**다리 스티치**
④ 뺀다
⑤ 처음과 마지막의 실꼬리를 묶어서 처리한다
① 넣는다(7단)
③ 넣는다
다리
② 뺀다(기초코의 1번째 코)
발바닥

① 머리를 뜬다(P.30~31 기본 곰 참조).
② 귀를 뜨고 머리의 정해진 위치에 단다(P.31~32 기본 곰 참조).
③ 눈(야마타카 단추)은 머리의 정해진 위치에 단다(P.32 기본 곰 참조).
④ 코와 코밑을 스티치한다(오른쪽 그림 참조).
⑤ 다리를 뜬다(P.33 기본 곰 참조). 왼쪽 그림을 참조하여 스티치한다.
⑥ 팔을 뜬다(P.34 기본 곰 참조).
⑦ 몸통을 뜨고 팔과 다리를 단다(P.34 기본 곰 참조).
⑧ 머리와 몸통을 균형 잡히게 잇는다(P.34~35 기본 곰 참조).
⑨ 꼬리를 떠서 몸통에 단다(P.35 기본 곰 참조).

**코와 코밑 스티치**
③ 넣는다
② 뺀다
④ 뺀다
① 넣는다
⑤ 넣는다
⑥ 뺀다
⑦ 처음과 마지막의 실꼬리를 묶어서 처리한다

## 11 오리 Photo_ P.13

**◐ 재료와 용구**

<실> 뜨개실 피에로 베이직 극태 내추럴(32) 100g, 소프트 메리노 극태 소프트옐로(9) 15g

<바늘> 코바늘 6/0호

<그 외> 지름 6㎜ 야마타카 단추(검정) 1쌍, 지름 25㎜ 플라스틱 조인트 2세트, 수예용 솜 적당량, 면실(검정) 50㎝

**◐ 완성 치수**

앉은 높이 15㎝, 서 있는 전체 길이 19㎝

**◐ 뜨는 법 포인트**

각 부분은 그림을 참조하여 배색대로 필요한 장수만큼 뜬다.
마무리하는 법을 참조하여 만든다.

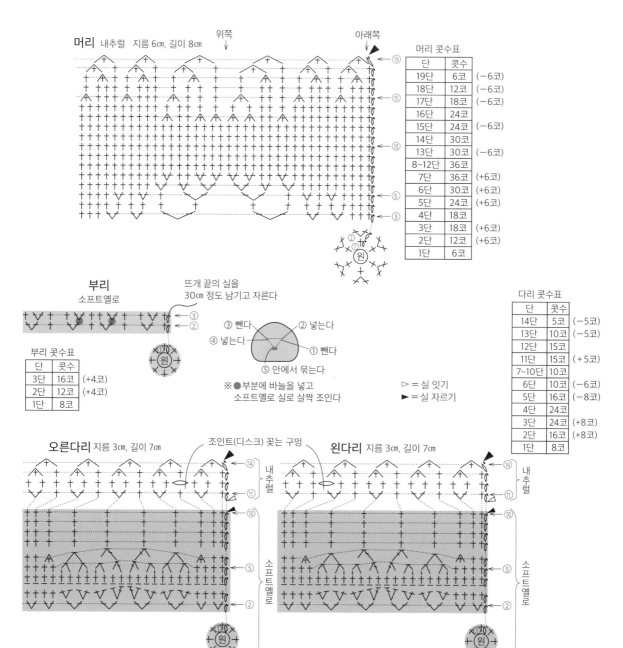

머리 내추럴 지름 6㎝, 길이 8㎝  위쪽  아래쪽

머리 콧수표

| 단 | 콧수 | |
|---|---|---|
| 19단 | 6코 | (−6코) |
| 18단 | 12코 | (−6코) |
| 17단 | 18코 | (−6코) |
| 16단 | 24코 | |
| 15단 | 24코 | (−6코) |
| 14단 | 30코 | |
| 13단 | 30코 | (−6코) |
| 8~12단 | 36코 | |
| 7단 | 36코 | (+6코) |
| 6단 | 30코 | (+6코) |
| 5단 | 24코 | (+6코) |
| 4단 | 18코 | |
| 3단 | 18코 | (+6코) |
| 2단 | 12코 | (+6코) |
| 1단 | 6코 | |

부리 소프트옐로

뜨개 끝의 실을 30㎝ 정도 남기고 자른다

부리 콧수표

| 단 | 콧수 | |
|---|---|---|
| 3단 | 16코 | (+4코) |
| 2단 | 12코 | (+4코) |
| 1단 | 8코 | |

③ 뺀다  ② 넣는다
④ 넣는다  ① 뺀다
⑤ 안에서 묶는다

※ ●부분에 바늘을 넣고 소프트옐로 실로 살짝 조인다

▷ = 실 잇기
► = 실 자르기

다리 콧수표

| 단 | 콧수 | |
|---|---|---|
| 14단 | 5코 | (−5코) |
| 13단 | 10코 | (−5코) |
| 12단 | 15코 | |
| 11단 | 15코 | (+5코) |
| 7~10단 | 10코 | |
| 6단 | 10코 | (−6코) |
| 5단 | 16코 | (−8코) |
| 4단 | 24코 | |
| 3단 | 24코 | (+8코) |
| 2단 | 16코 | (+8코) |
| 1단 | 8코 | |

오른다리 지름 3㎝, 길이 7㎝  조인트(디스크) 꽂는 구멍  왼다리 지름 3㎝, 길이 7㎝

내추럴  소프트옐로

= 긴뜨기와 짧은뜨기 2코 모아뜨기
= 한길 긴뜨기와 긴뜨기 2코 모아뜨기
± = 짧은 줄기뜨기
= 짧은뜨기와 긴뜨기 2코 모아뜨기
= 긴뜨기와 한길 긴뜨기 2코 모아뜨기

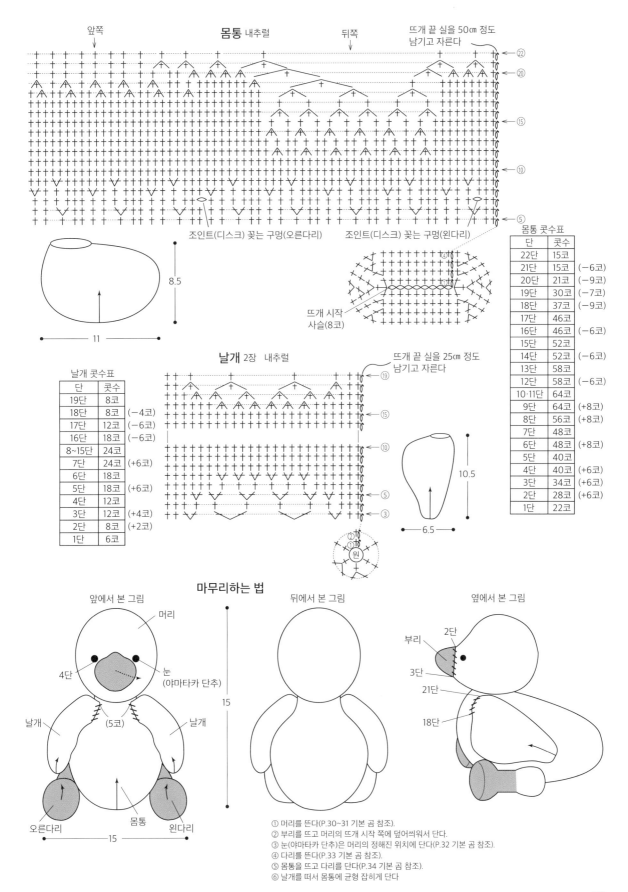

**몸통** 내추럴

앞쪽　　뒤쪽

뜨개 끝 실을 50㎝ 정도 남기고 자른다

조인트(디스크) 꽂는 구멍(오른다리)　조인트(디스크) 꽂는 구멍(왼다리)

뜨개 시작 사슬(8코)

8.5
11

**몸통 콧수표**

| 단 | 콧수 | |
|---|---|---|
| 22단 | 15코 | |
| 21단 | 15코 | (−6코) |
| 20단 | 21코 | (−9코) |
| 19단 | 30코 | (−7코) |
| 18단 | 37코 | (−9코) |
| 17단 | 46코 | |
| 16단 | 46코 | (−6코) |
| 15단 | 52코 | |
| 14단 | 52코 | (−6코) |
| 13단 | 58코 | |
| 12단 | 58코 | (−6코) |
| 10·11단 | 64코 | |
| 9단 | 64코 | (+8코) |
| 8단 | 56코 | (+8코) |
| 7단 | 48코 | |
| 6단 | 48코 | (+8코) |
| 5단 | 40코 | |
| 4단 | 40코 | (+6코) |
| 3단 | 34코 | (+6코) |
| 2단 | 28코 | (+6코) |
| 1단 | 22코 | |

**날개** 2장　내추럴

뜨개 끝 실을 25㎝ 정도 남기고 자른다

10.5
6.5

**날개 콧수표**

| 단 | 콧수 | |
|---|---|---|
| 19단 | 8코 | |
| 18단 | 8코 | (−4코) |
| 17단 | 12코 | (−6코) |
| 16단 | 18코 | (−6코) |
| 8~15단 | 24코 | |
| 7단 | 24코 | (+6코) |
| 6단 | 18코 | |
| 5단 | 18코 | (+6코) |
| 4단 | 12코 | |
| 3단 | 12코 | (+4코) |
| 2단 | 8코 | (+2코) |
| 1단 | 6코 | |

원

**마무리하는 법**

앞에서 본 그림　　뒤에서 본 그림　　옆에서 본 그림

머리
눈 (야마타카 단추)
4단
날개　날개
(5코)
오른다리　몸통　왼다리
15
15

부리
2단
3단
21단
18단

① 머리를 뜬다(P.30~31 기본 곰 참조).
② 부리를 뜨고 머리의 뜨개 시작 쪽에 덮어씌워서 단다.
③ 눈(야마타카 단추)은 머리의 정해진 위치에 단다(P.32 기본 곰 참조).
④ 다리를 뜬다(P.33 기본 곰 참조).
⑤ 몸통을 뜨고 다리를 단다(P.34 기본 곰 참조).
⑥ 날개를 떠서 몸통에 균형 잡히게 단다

## 12 안고 자는 인형  Photo_ P.14

**◆ 재료와 용구**

<실> 하마나카 루나 몰 베이지(1) 395g, 아이보리(11) 90g, 워시 코튼 갈색(38) 조금

<바늘> 코바늘 10/0호

<그 외> 자수실(검정) 조금, 수예용 솜 적당량

**◆ 완성 치수**

그림 참조

**◆ 뜨는 법 포인트**

스티치 이외에는 모두 2겹으로 뜬다.

각 부분은 그림을 참조하여 배색대로 필요한 장수만큼 뜬다.

마무리하는 법을 참조하여 만든다.

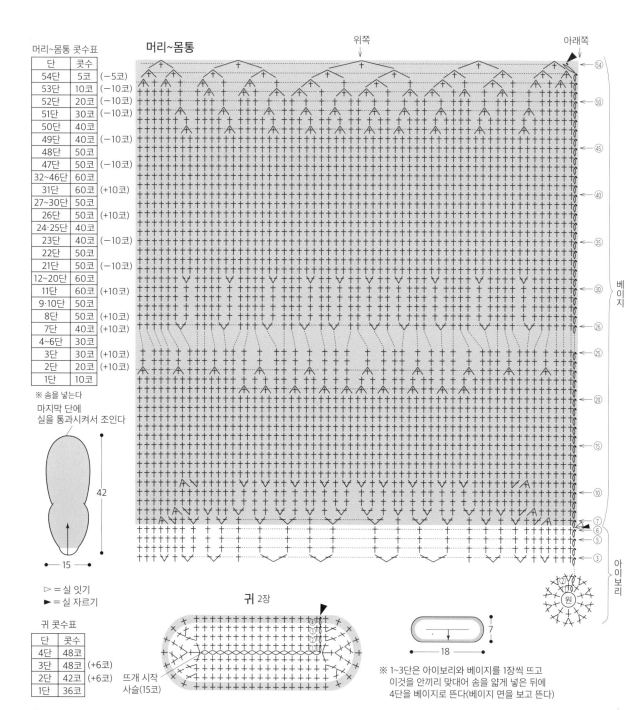

**머리~몸통 콧수표**

| 단 | 콧수 | |
|---|---|---|
| 54단 | 5코 | (−5코) |
| 53단 | 10코 | (−10코) |
| 52단 | 20코 | (−10코) |
| 51단 | 30코 | (−10코) |
| 50단 | 40코 | |
| 49단 | 40코 | (−10코) |
| 48단 | 50코 | |
| 47단 | 50코 | (−10코) |
| 32~46단 | 60코 | |
| 31단 | 60코 | (+10코) |
| 27~30단 | 50코 | |
| 26단 | 50코 | (+10코) |
| 24·25단 | 40코 | |
| 23단 | 40코 | (−10코) |
| 22단 | 50코 | |
| 21단 | 50코 | (−10코) |
| 12~20단 | 60코 | |
| 11단 | 60코 | (+10코) |
| 9·10단 | 50코 | |
| 8단 | 50코 | (+10코) |
| 7단 | 40코 | (+10코) |
| 4~6단 | 30코 | |
| 3단 | 30코 | (+10코) |
| 2단 | 20코 | (+10코) |
| 1단 | 10코 | |

머리~몸통

위쪽

아래쪽

베이지

아이보리

※ 솜을 넣는다
마지막 단에
실을 통과시켜서 조인다

42

15

▷ = 실 잇기
► = 실 자르기

**귀 콧수표**

| 단 | 콧수 | |
|---|---|---|
| 4단 | 48코 | |
| 3단 | 48코 | (+6코) |
| 2단 | 42코 | (+6코) |
| 1단 | 36코 | |

**귀** 2장

뜨개 시작
사슬(15코)

7

18

※ 1~3단은 아이보리와 베이지를 1장씩 뜨고
이것을 안끼리 맞대어 솜을 얇게 넣은 뒤에
4단을 베이지로 뜬다(베이지 면을 보고 뜬다)

## 다리 2개 지름 6㎝, 길이 41㎝

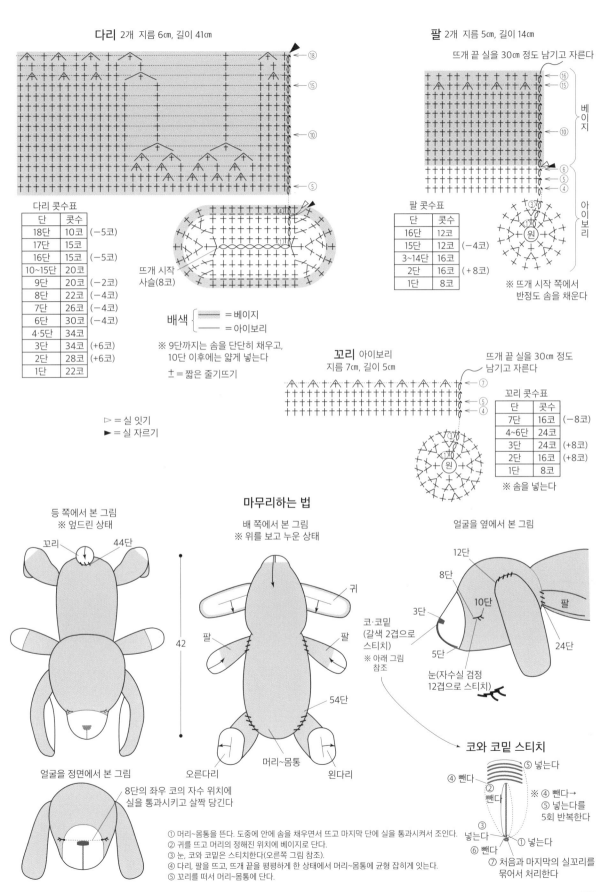

## 팔 2개 지름 5㎝, 길이 14㎝

뜨개 끝 실을 30㎝ 정도 남기고 자른다

베이지

아이보리

### 다리 콧수표

| 단 | 콧수 | |
|---|---|---|
| 18단 | 10코 | (−5코) |
| 17단 | 15코 | |
| 16단 | 15코 | (−5코) |
| 10~15단 | 20코 | |
| 9단 | 20코 | (−2코) |
| 8단 | 22코 | (−4코) |
| 7단 | 26코 | (−4코) |
| 6단 | 30코 | (−4코) |
| 4·5단 | 34코 | |
| 3단 | 34코 | (+6코) |
| 2단 | 28코 | (+6코) |
| 1단 | 22코 | |

뜨개 시작
사슬(8코)

### 팔 콧수표

| 단 | 콧수 | |
|---|---|---|
| 16단 | 12코 | |
| 15단 | 12코 | (−4코) |
| 3~14단 | 16코 | |
| 2단 | 16코 | (+8코) |
| 1단 | 8코 | |

※ 뜨개 시작 쪽에서
반정도 솜을 채운다

배색 { ▨ = 베이지
       ─ = 아이보리

※ 9단까지는 솜을 단단히 채우고,
10단 이후에는 얇게 넣는다

± = 짧은 줄기뜨기

## 꼬리 아이보리
지름 7㎝, 길이 5㎝

뜨개 끝 실을 30㎝ 정도
남기고 자른다

### 꼬리 콧수표

| 단 | 콧수 | |
|---|---|---|
| 7단 | 16코 | (−8코) |
| 4~6단 | 24코 | |
| 3단 | 24코 | (+8코) |
| 2단 | 16코 | (+8코) |
| 1단 | 8코 | |

※ 솜을 넣는다

▷ = 실 잇기
► = 실 자르기

## 마무리하는 법

등 쪽에서 본 그림
※ 엎드린 상태

꼬리    44단

42

배 쪽에서 본 그림
※ 위를 보고 누운 상태

귀

팔    팔

54단

오른다리    왼다리

머리~몸통

얼굴을 옆에서 본 그림

12단
8단
3단    10단    팔
5단    24단

코·코밑
(갈색 2겹으로
스티치)
※ 아래 그림
참조

눈(자수실 검정
12겹으로 스티치)

얼굴을 정면에서 본 그림

8단의 좌우 코의 자수 위치에
실을 통과시키고 살짝 당긴다

↳ 코와 코밑 스티치

⑤ 넣는다
④ 뺀다
② 뺀다
③
※ ④ 뺀다→
   ⑤ 넣는다를
   5회 반복한다

넣는다
① 넣는다
⑥ 뺀다
⑦ 처음과 마지막의 실꼬리를
묶어서 처리한다

① 머리~몸통을 뜬다. 도중에 안에 솜을 채우면서 뜨고 마지막 단에 실을 통과시켜서 조인다.
② 귀를 뜨고 머리의 정해진 위치에 베이지로 단다.
③ 눈, 코와 코밑은 스티치한다(오른쪽 그림 참조).
④ 다리, 팔을 뜨고, 뜨개 끝을 평평하게 한 상태에서 머리~몸통에 균형 잡히게 잇는다.
⑤ 꼬리를 떠서 머리~몸통에 단다.

57

## 13 딸기 케이크  Photo_ P.16

**◆ 재료와 용구**

<실> 하마나카 포니 흰색(401) 70g, 피콜로 빨강(6)
10g, 초록(32) 5g

<바늘> 코바늘 6/0호, 2/0호

<그 외> 수예용 솜 적당량

**◆ 완성 치수**

그림 참조

**◆ 뜨는 법 포인트**

포니는 6/0호 바늘, 피콜로는 2/0호 바늘로 뜬다.
각 부분은 그림을 참조하여 필요한 장수만큼 뜬다.
마무리하는 법을 참조하여 만든다.

**케이크 시트** 흰색

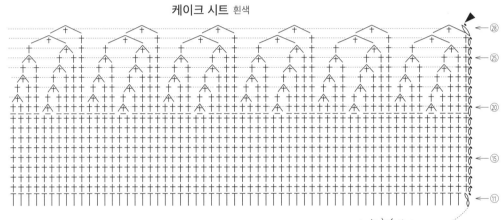

**케이크 시트 콧수표**

| 단 | 콧수 | |
|---|---|---|
| 28단 | 6코 | (−6코) |
| 27단 | 12코 | (−6코) |
| 26단 | 18코 | (−6코) |
| 25단 | 24코 | (−6코) |
| 24단 | 30코 | (−6코) |
| 23단 | 36코 | (−6코) |
| 22단 | 42코 | (−6코) |
| 21단 | 48코 | (−6코) |
| 20단 | 54코 | (−6코) |
| 11~19단 | 60코 | |
| 10단 | 60코 | (+6코) |
| 9단 | 54코 | (+6코) |
| 8단 | 48코 | (+6코) |
| 7단 | 42코 | (+6코) |
| 6단 | 36코 | (+6코) |
| 5단 | 30코 | (+6코) |
| 4단 | 24코 | (+6코) |
| 3단 | 18코 | (+6코) |
| 2단 | 12코 | (+6코) |
| 1단 | 6코 | |

※ 뜨개 시작의 실을 10cm 정도 남기고
뜨기 시작한다. 남은 실을 겉쪽으로 빼둔다

※ 뜨는 도중에 솜을 넣으면서 뜨고,
마지막 단에 실을 통과시켜서 조인다

※ 뜨개 시작의 실을 돗바늘에 꿰어서
뜨개 끝 쪽을 향해 꽂아서 빼고,
뜨개 끝의 실과 묶어서
봉긋해지지 않도록 한다

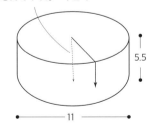

5.5

11

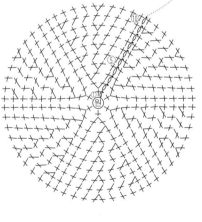

► = 실 자르기

± = 짧은 줄기뜨기

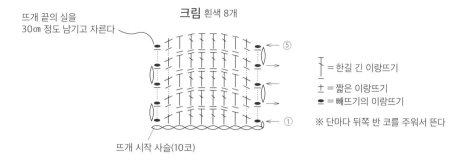

크림 흰색 8개

뜨개 끝의 실을
30㎝ 정도 남기고 자른다

⑤
①

뜨개 시작 사슬(10코)

━┼━ = 한길 긴 이랑뜨기
━┷━ = 짧은 이랑뜨기
●━ = 빼뜨기의 이랑뜨기

※ 단마다 뒤쪽 반 코를 주워서 뜬다

## 크림 만드는 법

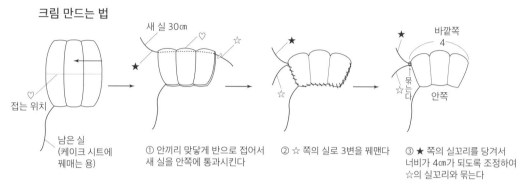

새 실 30㎝

접는 위치

남은 실
(케이크 시트에
꿰매는 용)

① 안끼리 맞닿게 반으로 접어서
새 실을 안쪽에 통과시킨다

② ☆ 쪽의 실로 3변을 꿰맨다

③ ★ 쪽의 실꼬리를 당겨서
너비가 4㎝가 되도록 조정하여
☆의 실꼬리와 묶는다

바깥쪽
4

안쪽

| 딸기 열매 콧수표 | |
|---|---|
| 단 | 콧수 |
| 11단 | 6코 (−6코) |
| 10단 | 12코 (−6코) |
| 9단 | 18코 (−6코) |
| 7·8단 | 24코 |
| 6단 | 24코 (+6코) |
| 5단 | 18코 |
| 4단 | 18코 (+6코) |
| 3단 | 12코 |
| 2단 | 12코 (+6코) |
| 1단 | 6코 |

### 딸기 열매 빨강 6개

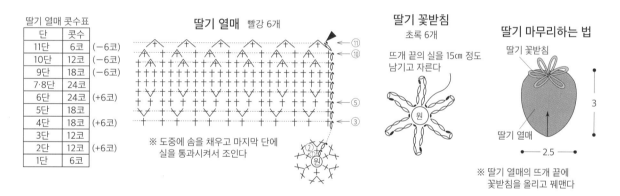

⑪
⑩
⑤
③

※ 도중에 솜을 채우고 마지막 단에
실을 통과시켜서 조인다

### 딸기 꽃받침
초록 6개

뜨개 끝의 실을 15㎝ 정도
남기고 자른다

원

### 딸기 마무리하는 법

딸기 꽃받침

딸기 열매

3

2.5

※ 딸기 열매의 뜨개 끝에
꽃받침을 올리고 꿰맨다

## 마무리하는 법

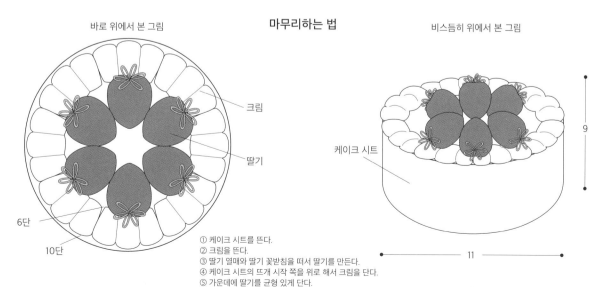

바로 위에서 본 그림

크림

딸기

6단

10단

비스듬히 위에서 본 그림

케이크 시트

9

11

① 케이크 시트를 뜬다.
② 크림을 뜬다.
③ 딸기 열매와 딸기 꽃받침을 떠서 딸기를 만든다.
④ 케이크 시트의 뜨개 시작 쪽을 위로 해서 크림을 단다.
⑤ 가운데에 딸기를 균형 있게 단다.

# 13 체리 케이크 Photo_ P.16

❂ **재료와 용구**
<실> 하마나카 포니 갈색(419) 50g, 흰색(401) 10g,
피콜로 흰색(1)·빨간 자주(30) 10g씩, 초록(32) 조금
<바늘> 코바늘 6/0호, 2/0호
<그 외> 수예용 솜 적당량

❂ **완성 치수**
그림 참조

❂ **뜨는 법 포인트**
포니는 6/0호 바늘, 피콜로는 2/0호 바늘로 뜬다.
각 부분은 그림을 참조하여 필요한 장수만큼 뜬다.
마무리하는 법을 참조하여 만든다.

케이크 시트 6/0호 바늘

배색 { —— = 흰색(포니)
░░ = 갈색 }

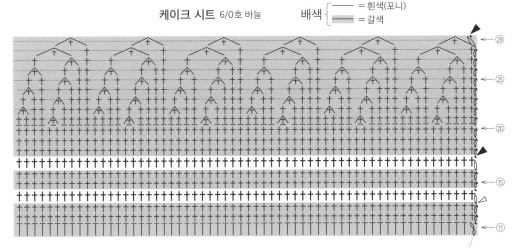

케이크 시트 콧수표

| 단 | 콧수 | |
|---|---|---|
| 29단 | 6코 | (−6코) |
| 28단 | 12코 | (−6코) |
| 27단 | 18코 | (−6코) |
| 26단 | 24코 | (−6코) |
| 25단 | 30코 | (−6코) |
| 24단 | 36코 | (−6코) |
| 23단 | 42코 | (−6코) |
| 22단 | 48코 | (−6코) |
| 21단 | 54코 | (−6코) |
| 11~20단 | 60코 | |
| 10단 | 60코 | (+6코) |
| 9단 | 54코 | (+6코) |
| 8단 | 48코 | (+6코) |
| 7단 | 42코 | (+6코) |
| 6단 | 36코 | (+6코) |
| 5단 | 30코 | (+6코) |
| 4단 | 24코 | (+6코) |
| 3단 | 18코 | (+6코) |
| 2단 | 12코 | (+6코) |
| 1단 | 6코 | |

※ 뜨개 시작의 실을 10㎝ 정도 남기고
　뜨기 시작한다. 남은 실을 겉쪽으로 빼둔다

※ 뜨는 도중에 솜을 넣으면서 뜨고,
　마지막 단에 실을 통과시켜서 조인다

※ 뜨개 시작의 실을 돗바늘에 꿰어서
　뜨개 끝 쪽을 향해 꽂아서 빼고,
　뜨개 끝의 실과 묶어서
　봉긋해지지 않도록 한다

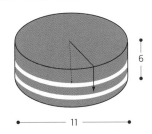

6

11

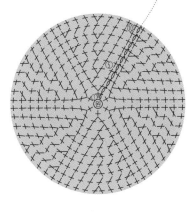

▶ = 실 자르기
± = 짧은 줄기뜨기
† = 길게 늘인 짧은뜨기

## 길게 늘인 짧은뜨기

**1**
앞단 코(사진에서는 기초코)에
바늘을 넣고 실을 걸어서 끌어
낸다.

**2**
바늘에 실을 걸고, 보통 짧은뜨
기는 고리 2개 속으로 빼내지
만 여기에서는 고리 1개에서만
빼낸다.

**3**
사슬뜨기를 1코 떴다.

**4**
바늘에 실을 걸고, 남은 고리 2
개 속으로 빼낸다.

**5**
길게 늘인 짧은뜨기를 떴다.

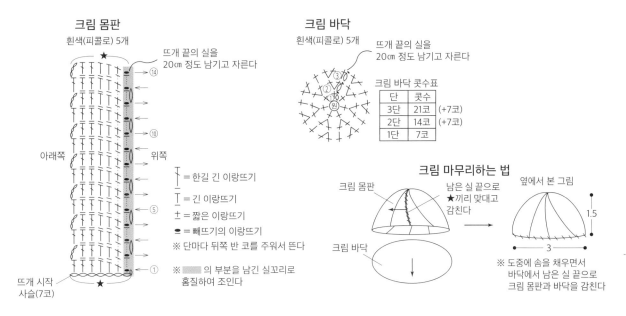

## 크림 몸판

흰색(피콜로) 5개

뜨개 끝의 실을
20㎝ 정도 남기고 자른다

⑭
⑩
⑤
①

아래쪽
위쪽

뜨개 시작
사슬(7코)

┬ = 한길 긴 이랑뜨기
┯ = 긴 이랑뜨기
± = 짧은 이랑뜨기
● = 빼뜨기의 이랑뜨기

※ 단마다 뒤쪽 반 코를 주워서 뜬다

※ ▨▨의 부분을 남긴 실꼬리로 홈질하여 조인다

## 크림 바닥

흰색(피콜로) 5개

뜨개 끝의 실을
20㎝ 정도 남기고 자른다

③
②
①

### 크림 바닥 콧수표

| 단 | 콧수 | |
|---|---|---|
| 3단 | 21코 | (+7코) |
| 2단 | 14코 | (+7코) |
| 1단 | 7코 | |

### 크림 마무리하는 법

크림 몸판

남은 실 끝으로
★끼리 맞대고
감친다

옆에서 본 그림

1.5
3

크림 바닥

※ 도중에 솜을 채우면서
바닥에서 남은 실 끝으로
크림 몸판과 바닥을 감친다

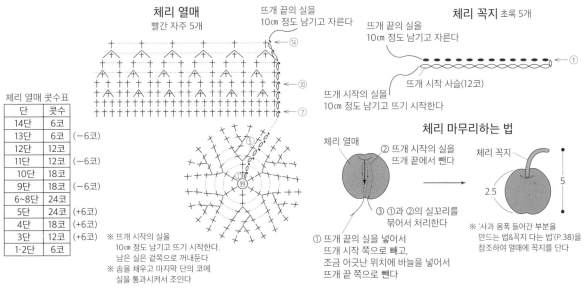

## 체리 열매

빨간 자주 5개

뜨개 끝의 실을
10㎝ 정도 남기고 자른다

⑭
⑩
⑦
⑤
①

### 체리 열매 콧수표

| 단 | 콧수 | |
|---|---|---|
| 14단 | 6코 | |
| 13단 | 6코 | (−6코) |
| 12단 | 12코 | |
| 11단 | 12코 | (−6코) |
| 10단 | 18코 | |
| 9단 | 18코 | (−6코) |
| 6~8단 | 24코 | |
| 5단 | 24코 | (+6코) |
| 4단 | 18코 | (+6코) |
| 3단 | 12코 | (+6코) |
| 1·2단 | 6코 | |

※ 뜨개 시작의 실을
10㎝ 정도 남기고 뜨기 시작한다.
남은 실은 겉쪽으로 꺼내둔다
※ 솜을 채우고 마지막 단의 코에
실을 통과시켜서 조인다

## 체리 꼭지 초록 5개

뜨개 끝의 실을
10㎝ 정도 남기고 자른다

①

뜨개 시작 사슬(12코)

뜨개 시작의 실을
10㎝ 정도 남기고 뜨기 시작한다.

### 체리 마무리하는 법

체리 열매

② 뜨개 시작의 실을
뜨개 끝에서 뺀다

③ ①과 ②의 실꼬리를
묶어서 처리한다

① 뜨개 끝의 실을 넣어서
뜨개 시작 쪽으로 빼고,
조금 어긋난 위치에 바늘을 넣어서
뜨개 끝 쪽으로 뺀다

체리 꼭지

5
2.5

※ '사과 옴폭 들어간 부분을
만드는 법&꼭지 다는 법'(P.38)을
참조하여 열매에 꼭지를 단다

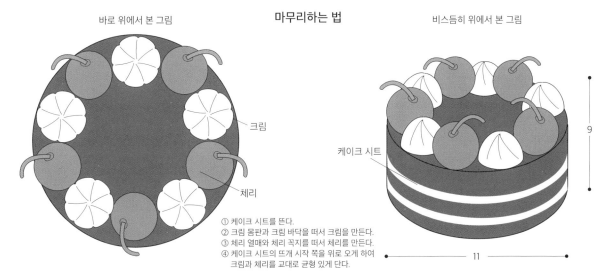

## 마무리하는 법

바로 위에서 본 그림

크림
체리

비스듬히 위에서 본 그림

케이크 시트

9
11

① 케이크 시트를 뜬다.
② 크림 몸판과 크림 바닥을 떠서 크림을 만든다.
③ 체리 열매와 체리 꼭지를 떠서 체리를 만든다.
④ 케이크 시트의 뜨개 시작 쪽을 위로 오게 하여
크림과 체리를 교대로 균형 있게 단다.

## 14 도넛 Photo_ P.17

**○ 재료와 용구**

<실> 하마나카 포니 연한 주황(418) 130g, 분홍(405)
· 갈색(419) · 하늘색(439) · 무염색(442) · 연한 노랑
(478) · 초록(493) 15g씩, 피콜로 흰색(1) · 무염색(2) ·
진한 분홍(5) · 빨강(6) · 진한 노랑(8) · 갈색(17) · 카멜
(21) · 초록(32) · 회색(33) · 분홍(40) · 노랑(42) · 주황
(51) · 연한 초록(56) 조금씩
<바늘> 코바늘 7/0호, 5/0호, 2/0호
<그 외> 수예용 솜 적당량

**○ 완성 치수**

그림 참조

**○ 뜨는 법 포인트**

크림은 7/0호 바늘, 도넛은 5/0호 바늘, 그 외에는 2/0호 바늘
로 뜬다.
각 부분은 그림을 참조하여 필요한 장수만큼 뜬다.
마무리하는 법을 참조하여 만든다.

### 도넛

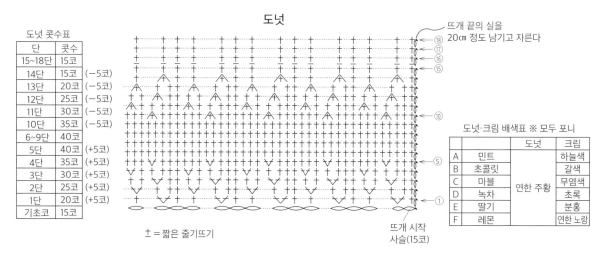

도넛 콧수표

| 단 | 콧수 | |
|---|---|---|
| 15~18단 | 15코 | |
| 14단 | 15코 | (−5코) |
| 13단 | 20코 | (−5코) |
| 12단 | 25코 | (−5코) |
| 11단 | 30코 | (−5코) |
| 10단 | 35코 | (−5코) |
| 6~9단 | 40코 | |
| 5단 | 40코 | (+5코) |
| 4단 | 35코 | (+5코) |
| 3단 | 30코 | (+5코) |
| 2단 | 25코 | (+5코) |
| 1단 | 20코 | (+5코) |
| 기초코 | 15코 | |

⊥ = 짧은 줄기뜨기

뜨개 끝의 실을 20㎝ 정도 남기고 자른다

뜨개 시작 사슬(15코)

도넛·크림 배색표 ※ 모두 포니

| | | 도넛 | 크림 |
|---|---|---|---|
| A | 민트 | 연한 주황 | 하늘색 |
| B | 초콜릿 | | 갈색 |
| C | 마블 | | 무염색 |
| D | 녹차 | | 초록 |
| E | 딸기 | | 분홍 |
| F | 레몬 | | 연한 노랑 |

### 크림

크림 콧수표

| 단 | 콧수 | |
|---|---|---|
| 7단 | 그림 참조 | |
| 6단 | 40코 | (+5코) |
| 5단 | 35코 | (+5코) |
| 4단 | 30코 | (+5코) |
| 3단 | 25코 | (+5코) |
| 2단 | 20코 | (+5코) |
| 1단 | 15코 | |

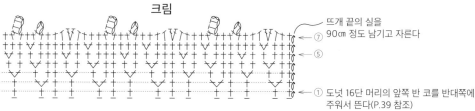

뜨개 끝의 실을 90㎝ 정도 남기고 자른다

① 도넛 16단 머리의 앞쪽 반 코를 반대쪽에
주워서 뜬다(P.39 참조)

### 도넛 만드는 법

비스듬히 위에서 본 그림

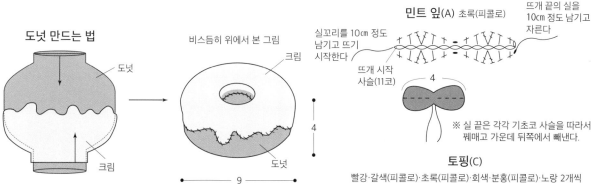

도넛

크림

크림

도넛

4

9

① 도넛을 뜨고 정해진 위치에서
코를 주워서 크림을 뜬다.
'도넛 뜨는 법&크림 다는 법'(P.39)을
참조한다.

② 도넛의 1단과 마지막 단을
솜을 채우면서 감침질로 잇는다.
③ P.39를 참조하여 크림을 도넛에 꿰맨다.
④ 토핑은 P.63을 참조하여 장식한다.

### 민트 잎(A) 초록(피콜로)

뜨개 끝의 실을
10㎝ 정도 남기고
자른다

실꼬리를 10㎝ 정도
남기고 뜨기
시작한다

뜨개 시작
사슬(11코)

4

※ 실 끝은 각각 기초코 사슬을 따라서
꿰매고 가운데 뒤쪽에서 빼낸다.

### 토핑(C)

빨강·갈색(피콜로)·초록(피콜로)·회색·분홍(피콜로)·노랑 2개씩

뜨개 끝의 실을
10㎝ 정도
남기고 자른다

1.5

①

뜨개 시작
(1코) 만들기

마무리하는 법

## A 민트
위에서 본 그림

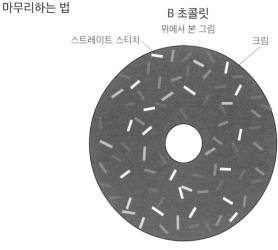

프렌치 노트 스티치
(갈색(포니) 2겹)

크림

민트 잎

아우트라인 스티치
(갈색(피콜로) 2겹)

※ 아우트라인 스티치와 프렌치 노트 스티치를
　크림에 균형 있게 수놓는다.
　민트 잎은 그림을 참조하여 떠서 위에서 단다.

## B 초콜릿
위에서 본 그림

스트레이트 스티치

크림

※ 무염색(피콜로)·진한 분홍·분홍(피콜로)·노랑·주황·연한 초록
　2겹으로 크림에 균형 있게 스트레이트 스티치를 무작위로 수놓는다.

## C 마블
위에서 본 그림

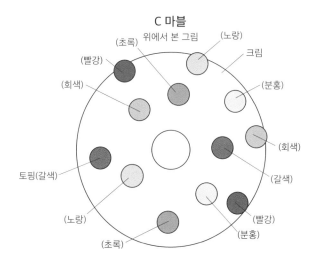

(빨강)
(초록)
(노랑)
크림
(회색)
(분홍)
(회색)
토핑(갈색)
(갈색)
(노랑)
(빨강)
(초록)
(분홍)

※ 토핑은 그림을 참조하여 6색×2개씩 떠서
　크림에 균형 있게 단다.

## D 녹차
위에서 본 그림

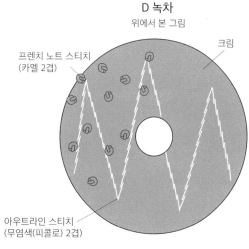

프렌치 노트 스티치
(카멜 2겹)

크림

아우트라인 스티치
(무염색(피콜로) 2겹)

※ 아우트라인 스티치와 프렌치 노트 스티치를
　크림에 균형 있게 수놓는다.

## E 딸기
위에서 본 그림

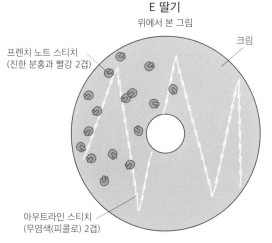

프렌치 노트 스티치
(진한 분홍과 빨강 2겹)

크림

아우트라인 스티치
(무염색(피콜로) 2겹)

※ 아우트라인 스티치와 프렌치 노트 스티치를
　크림에 균형 있게 수놓는다.

## F 레몬
위에서 본 그림

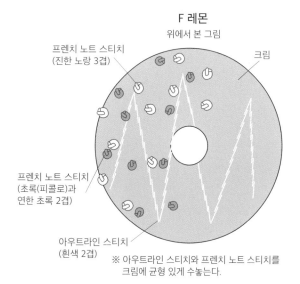

프렌치 노트 스티치
(진한 노랑 3겹)

크림

프렌치 노트 스티치
(초록(피콜로)과
연한 초록 2겹)

아우트라인 스티치
(흰색 2겹)

※ 아우트라인 스티치와 프렌치 노트 스티치를
　크림에 균형 있게 수놓는다.

## 15 과일: 사과  Photo_ P.18

**❂ 재료와 용구**

<실> 하마나카 워시 코튼 빨강(36) 35g, 갈색(38) 조금

<바늘> 코바늘 5/0호, 3/0호

<그 외> 수예용 솜 적당량

**❂ 완성 치수**

그림 참조

**❂ 뜨는 법 포인트**

열매는 2겹(5/0호 바늘), 꼭지는 1겹(3/0호 바늘)으로 뜬다.

열매와 꼭지는 그림을 참조하여 뜬다.

마무리하는 법을 참조하여 만든다.

**열매** 빨강

뜨개 끝의 실을
25㎝ 정도 남기고 자른다

| 열매 콧수표 | | |
|---|---|---|
| 단 | 콧수 | |
| 28·29단 | 8코 | |
| 27단 | 8코 | (−8코) |
| 26단 | 16코 | (−8코) |
| 25단 | 24코 | (−8코) |
| 24단 | 32코 | |
| 23단 | 32코 | (−8코) |
| 21·22단 | 40코 | |
| 20단 | 40코 | (−8코) |
| 17~19단 | 48코 | |
| 16단 | 48코 | (−8코) |
| 11~15단 | 56코 | |
| 10단 | 56코 | (+8코) |
| 9단 | 48코 | (+8코) |
| 8단 | 40코 | (+8코) |
| 7단 | 32코 | |
| 6단 | 32코 | (+8코) |
| 5단 | 24코 | (+8코) |
| 4단 | 16코 | (+8코) |
| 1~3단 | 8코 | |

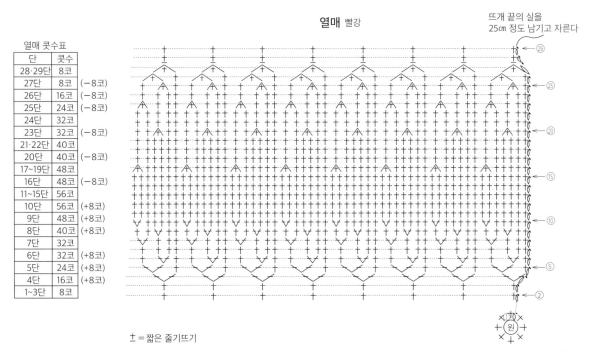

± = 짧은 줄기뜨기

※ 실꼬리를 12㎝ 정도 남기고
뜨기 시작한다.
뜨기 시작의 실 끝은
겉쪽으로 빼둔다

**꼭지** 갈색

뜨개 끝의 실을
15㎝ 정도 남기고 자른다

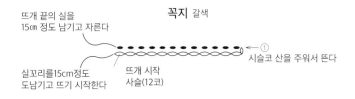

실꼬리를 15cm 정도
도남기고 뜨기 시작한다

뜨개 시작
사슬(12코)

시슬코 산을 주워서 뜬다

**마무리하는 법**

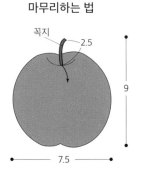

꼭지
2.5
9
7.5

'사과 옴폭 들어간 부분 만드는 법&꼭지 다는 법'(P.38)을
참조하여 만든다.

## 과일: 서양배 Photo_ P.18

**◆ 재료와 용구**

<실> 하마나카 워시 코튼 밝은 연두(40) 45g, 갈색
(38) 조금
<바늘> 코바늘 5/0호, 3/0호
<그 외> 수예용 솜 적당량

**◆ 완성 치수**

그림 참조

**◆ 뜨는 법 포인트**

열매는 2겹(5/0호 바늘), 꼭지는 1겹(3/0호 바늘)으로 뜬다.
열매와 꼭지는 그림을 참조하여 뜬다.
마무리하는 법을 참조하여 만든다.

**열매** 밝은 연두

뜨개 끝의 실을
30㎝ 정도 남기고 자른다

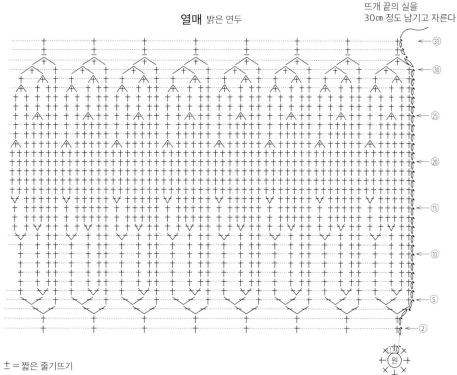

**열매 콧수표**

| 단 | 콧수 | |
|---|---|---|
| 32·33단 | 8코 | |
| 31단 | 8코 | (−8코) |
| 30단 | 16코 | (−8코) |
| 29단 | 24코 | (−8코) |
| 28단 | 32코 | (−8코) |
| 26·27단 | 40코 | |
| 25단 | 40코 | (−8코) |
| 23·24단 | 48코 | |
| 22단 | 48코 | (−8코) |
| 17~21단 | 56코 | |
| 16단 | 56코 | (+8코) |
| 14·15단 | 48코 | |
| 13단 | 48코 | (+8코) |
| 12단 | 40코 | (+8코) |
| 7~11단 | 32코 | |
| 6단 | 32코 | (+8코) |
| 5단 | 24코 | (+8코) |
| 4단 | 16코 | (+8코) |
| 1~3단 | 8코 | |

± = 짧은 줄기뜨기

※ 실꼬리를 12㎝ 정도 남기고
뜨기 시작한다.
뜨기 시작의 실 끝은
겉쪽으로 빼둔다

**꼭지** 갈색

뜨개 끝의 실을
15㎝ 정도 남기고 자른다

사슬코 산을 주워서 뜬다 ← ①

실꼬리를 15㎝ 정도
남기고 뜨기 시작한다

뜨개 시작
사슬(12코)

**마무리하는 법**

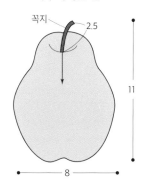

꼭지 2.5

11

8

'사과 옴폭 들어간 부분 만드는 법&꼭지 다는 법'(P.38)을
참조하여 만든다.

## 15 과일: 복숭아 Photo_ P.18

◆ **재료와 용구**

<실> 하마나카 워시 코튼 분홍(8) 35g, 갈색(38) 조금

<바늘> 코바늘 5/0호, 3/0호

<그 외> 수예용 솜 적당량

◆ **완성 치수**

그림 참조

◆ **뜨는 법 포인트**

열매는 2겹(5/0호 바늘), 꼭지는 1겹(3/0호 바늘)으로 뜬다.
열매와 꼭지는 그림을 참조하여 뜬다.
마무리하는 법을 참조하여 만든다.

**열매** 분홍

뜨개 끝의 실을
20㎝ 정도 남기고 자른다

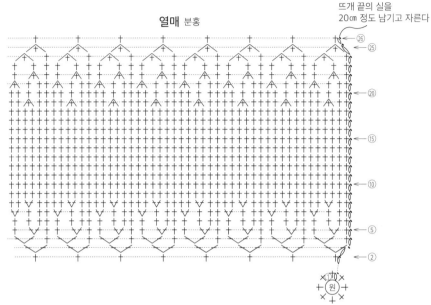

### 열매 콧수표

| 단 | 콧수 | |
|---|---|---|
| 26단 | 8코 | |
| 25단 | 8코 | (−8코) |
| 24단 | 16코 | (−8코) |
| 23단 | 24코 | |
| 22단 | 24코 | (−8코) |
| 21단 | 32코 | (−8코) |
| 20단 | 40코 | |
| 19단 | 40코 | (−8코) |
| 9~18단 | 48코 | |
| 8단 | 48코 | (+8코) |
| 7단 | 40코 | (+8코) |
| 6단 | 32코 | |
| 5단 | 32코 | (+8코) |
| 4단 | 24코 | (+8코) |
| 3단 | 16코 | (+8코) |
| 1·2단 | 8코 | |

※ 솜을 채우고 마지막 단에
실을 통과시켜서 조인다.

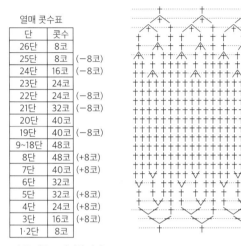

※ 실꼬리를 12㎝ 정도 남기고 뜨기 시작한다.
뜨기 시작의 실 끝은 겉쪽으로 빼둔다.

뜨개 끝의 실을
15㎝ 정도 남기고 자른다

**꼭지** 갈색

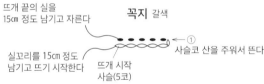

실꼬리를 15㎝ 정도
남기고 뜨기 시작한다

뜨개 시작
사슬(5코)

사슬코 산을 주워서 뜬다

## 마무리하는 법

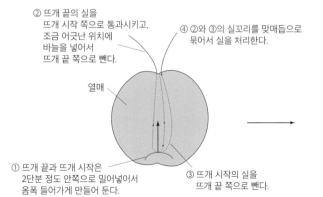

② 뜨개 끝의 실을
뜨개 시작 쪽으로 통과시키고,
조금 어긋난 위치에
바늘을 넣어서
뜨개 끝 쪽으로 뺀다.

④ ②와 ③의 실꼬리를 맞매듭으로
묶어서 실을 처리한다.

열매

① 뜨개 끝과 뜨개 시작은
2단분 정도 안쪽으로 밀어넣어서
옴폭 들어가게 만들어 둔다.

③ 뜨개 시작의 실을
뜨개 끝 쪽으로 뺀다.

⑤ 분홍 2겹(30㎝) 실을 뜨개 끝 쪽에서
바늘을 넣어서 안쪽에 통과시키고,
뜨개 시작 쪽에서 바깥쪽으로 통과시켜서 꽉 조인다.
양 끝의 실을 맞매듭으로 묶어서 실을 처리한다.

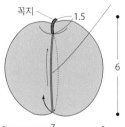

꼭지
1.5
6
7

⑥ '사과 옴폭 들어간 부분 만드는 법&꼭지 다는 법'(P.38)을
참조하여 만든다.

## 15 과일: 체리 Photo_ P.18

### ❍ 재료와 용구

<실> 하마나카 워시 코튼<크로셰> 빨간 자주(136)
15g, 워시 코튼 연한 초록(37) · 밝은 연두(40) 조금
<바늘> 코바늘 4/0호, 3/0호
<그 외> 수예용 솜 적당량

### ❍ 완성 치수

그림 참조

### ❍ 뜨는 법 포인트

열매는 2겹(4/0호 바늘), 잎과 꼭지는 1겹(3/0호 바늘)으로 뜬다.
열매와 꼭지는 그림을 참조하여 필요한 장수만큼 뜬다.
마무리하는 법을 참조하여 만든다.

열매 콧수표

| 단 | 콧수 | |
|---|---|---|
| 18단 | 6코 | |
| 17단 | 6코 | (−6코) |
| 16단 | 12코 | |
| 15단 | 12코 | (−6코) |
| 14단 | 18코 | (−6코) |
| 13단 | 24코 | |
| 12단 | 24코 | (−6코) |
| 8~11단 | 30코 | |
| 7단 | 30코 | (+6코) |
| 6단 | 24코 | (+6코) |
| 5단 | 18코 | (+6코) |
| 4단 | 12코 | (+6코) |
| 1~3단 | 6코 | |

※ 솜을 채우고 마지막 단에
실을 통과시켜서 조인다

**열매** 빨간 자주 2개

뜨개 끝의 실을
15㎝ 정도 남기고 자른다

※ 뜨개 시작의 실 끝은 겉쪽으로 빼둔다

**꼭지** 밝은 연두

뜨개 끝의 실을
8㎝ 정도 남기고
자른다

실꼬리를 8㎝
정도 남기고
뜨기 시작한다

열매 다는 위치
뜨개 시작
사슬(41코)

잎 다는 위치

열매 다는 위치

① 사슬코 산을
주워서 뜬다

16㎝로 자른 실꼬리를 1번째 코에
통과시켜서 열매를 단다

**잎** 연한 초록

뜨개 시작
사슬(9코)
4

► = 실 자르기

**마무리하는 법**

① 뜨개 끝과 뜨개 시작은
2단분 정도 안쪽으로 밀어
넣어서 옴폭 들어가게
만들어 둔다.

③ 뜨개 시작의 실을
뜨개 끝 쪽으로 뺀다.

② 뜨개 끝의 실을
뜨개 시작 쪽으로 통과시키고,
조금 어긋난 위치에 바늘을 넣어서
뜨개 끝 쪽으로 뺀다.

④ ②와 ③의 실꼬리를
맞매듭으로 묶어서
실을 처리한다.

4

열매

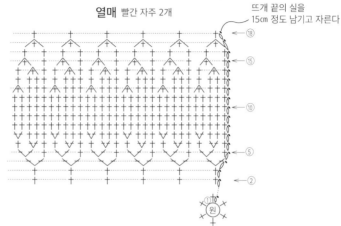

⑥ 잎은 꼭지의 정해진 위치에
★ 쪽을 단다.

잎

꼭지

12

열매

⑤ '사과 옴폭 들어간 부분 만드는 법&꼭지 다는 법'(P.38)을
참조하여 꼭지 양 끝에 열매를 단다.

67

## 15 과일: 포도  Photo_ P.18

**◆ 재료와 용구**

<실> 하마나카 워시 코튼 보라(15) 55g, 갈색(38) 5g

<바늘> 코바늘 5/0호, 3/0호

<그 외> 수예용 솜 적당량

**◆ 완성 치수**

그림 참조

**◆ 뜨는 법 포인트**

열매는 2겹(5/0호 바늘), 줄기는 1겹(3/0호 바늘)으로 뜬다.
열매와 줄기는 그림을 참조하여 필요한 장수만큼 뜬다.
마무리하는 법을 참조하여 만든다.

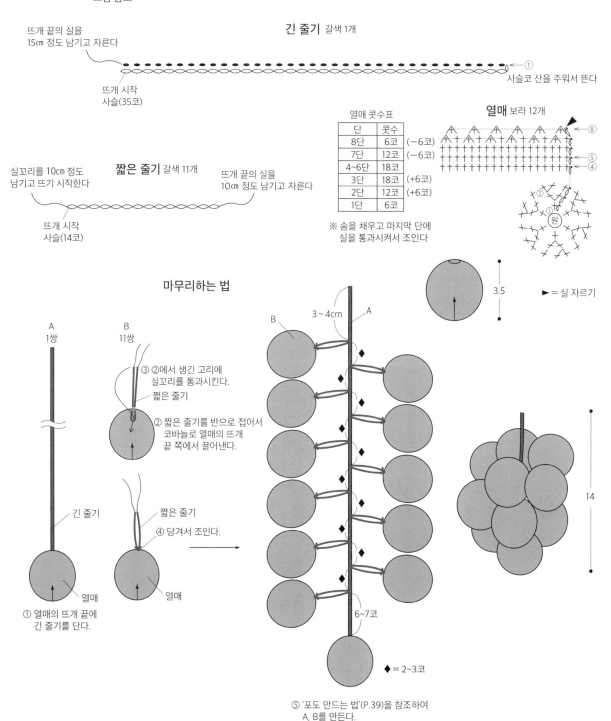

**긴 줄기** 갈색 1개

뜨개 끝의 실을
15㎝ 정도 남기고 자른다

뜨개 시작
사슬(35코)

① 사슬코 산을 주워서 뜬다

**짧은 줄기** 갈색 11개

실꼬리를 10㎝ 정도
남기고 뜨기 시작한다

뜨개 끝의 실을
10㎝ 정도 남기고 자른다

뜨개 시작
사슬(14코)

**열매 콧수표**

| 단 | 콧수 | |
|---|---|---|
| 8단 | 6코 | (−6코) |
| 7단 | 12코 | (−6코) |
| 4~6단 | 18코 | |
| 3단 | 18코 | (+6코) |
| 2단 | 12코 | (+6코) |
| 1단 | 6코 | |

※ 솜을 채우고 마지막 단에
실을 통과시켜서 조인다

**열매** 보라 12개

⑧
⑤
④
③
①
원

**마무리하는 법**

A
1쌍

긴 줄기

① 열매의 뜨개 끝에
긴 줄기를 단다.

B
11쌍

③ ②에서 생긴 고리에
실꼬리를 통과시킨다.

짧은 줄기

② 짧은 줄기를 반으로 접어서
코바늘로 열매의 뜨개
끝 쪽에서 끌어낸다.

짧은 줄기

④ 당겨서 조인다.

열매

3~4cm

B    A

3.5

► = 실 자르기

6~7코

14

◆ = 2~3코

⑤ '포도 만드는 법'(P.39)을 참조하여
A, B를 만든다.

68

## 15 과일: 블루베리 Photo_ P.18

◆ **재료와 용구**

<실> 하마나카 워시 코튼<크로셰> 남색(127) 10g, 워시 코튼 연한 초록(37) · 갈색(38) 조금씩

<바늘> 코바늘 4/0호, 3/0호

<그 외> 수예용 솜 적당량

◆ **완성 치수**

그림 참조

◆ **뜨는 법 포인트**

열매는 2겹(4/0호 바늘), 잎과 줄기는 1겹(3/0호 바늘)으로 뜬다.

각 부분은 그림을 참조하여 필요한 장수만큼 뜬다.

마무리하는 법을 참조하여 만든다.

**열매** 남색 3개

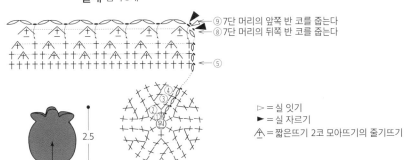

열매 콧수표

| 단 | 콧수 | |
|---|---|---|
| 9단 | 그림 참조 | |
| 8단 | 6코 | (−6코) |
| 7단 | 12코 | (−6코) |
| 6단 | 18코 | (−6코) |
| 5단 | 24코 | |
| 4단 | 24코 | (+6코) |
| 3단 | 18코 | (+6코) |
| 2단 | 12코 | (+6코) |
| 1단 | 6코 | |

⑨ 7단 머리의 앞쪽 반 코를 줍는다
⑧ 7단 머리의 뒤쪽 반 코를 줍는다

▷ = 실 잇기
► = 실 자르기
⋏ = 짧은뜨기 2코 모아뜨기의 줄기뜨기

※ 솜을 채우고
8단의 머리에 실을 통과시켜서 조인다

2.5

※ 실꼬리를 10㎝ 정도 남기고 뜨기 시작한다.
뜨개 시작의 실 끝은 겉쪽으로 빼둔다

**잎** 연한 초록

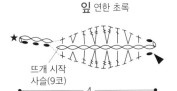

뜨개 시작
사슬(9코)

4

**줄기** 갈색

열매 다는 위치

뜨개 시작
사슬(20코)

잎 다는 위치

사슬코 산을 주워서 뜬다

**마무리하는 법**

② 잎은 줄기의 정해진 위치에
★ 쪽을 단다.

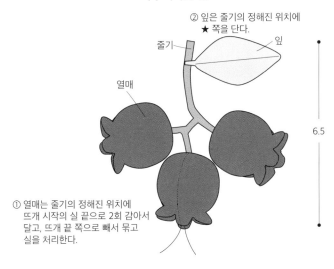

줄기

잎

열매

6.5

① 열매는 줄기의 정해진 위치에
뜨개 시작의 실 끝으로 2회 감아서
달고, 뜨개 끝 쪽으로 빼서 묶고
실을 처리한다.

# 15 과일: 딸기와 레몬 Photo_ P.18

**◐ 재료와 용구**

\<실\> 하마나카

딸기: 워시 코튼\<크로셰\> 빨강(145) 10g, 워시 코튼
연한 초록(37) 조금

레몬: 워시 코튼 노랑(27) 20g

\<바늘\> 딸기: 코바늘 4/0호, 3/0호 레몬: 코바늘 5/0호

\<그 외\> 수예용 솜 적당량

**◐ 완성 치수**

그림 참조

**◐ 뜨는 법 포인트**

딸기 열매는 2겹(4/0호 바늘), 꽃받침과 꼭지는 1겹(3/0호 바늘)으로 뜬다.
레몬은 2겹으로 뜬다.
각 부분은 그림을 참조하여 뜬다.
마무리하는 법을 참조하여 만든다.

---

**딸기**

### 열매 빨강

▶ = 실 자르기

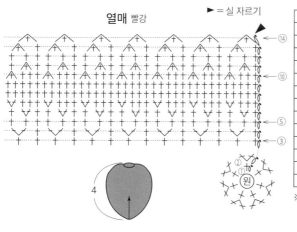

4

**열매 콧수표**

| 단 | 콧수 | |
|---|---|---|
| 14단 | 7코 | (−7코) |
| 13단 | 14코 | (−7코) |
| 12단 | 21코 | |
| 11단 | 21코 | (−7코) |
| 10단 | 28코 | (−7코) |
| 8·9단 | 35코 | |
| 7단 | 35코 | (+7코) |
| 6단 | 28코 | (+7코) |
| 5단 | 21코 | |
| 4단 | 21코 | (+7코) |
| 3단 | 14코 | |
| 2단 | 14코 | (+7코) |
| 1단 | 7코 | |

※ 솜을 넣고
마지막 단에
실을 통과시켜서
조인다

### 꽃받침 연한 초록

뜨개 끝의 실을
20cm 정도 남기고 자른다

※ 3단은 2단의 머리 뒤쪽
반 코를 주워서 뜬다

### 마무리하는 법

② 꽃받침의
2단을
열매에
꿰맨다

꼭지

꽃받침

열매

6

3.5

① 꼭지의 실꼬리를 꽃받침 중심에
조금 어긋나게 각각 통과시키고
안쪽에서 묶어서 단단히 고정한다

③ 열매의 뜨개 끝 쪽에 ①을
올려놓고 중심을 꿰맨다

### 꼭지 연한 초록

뜨개 끝의 실을
8cm 정도 남기고 자른다

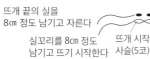

실꼬리를 8cm 정도
남기고 뜨기 시작한다

뜨개 시작
사슬(5코)

① 사슬코 산을 주워서 뜬다

---

**레몬**

**열매 콧수표**

| 단 | 콧수 | |
|---|---|---|
| 21단 | 6코 | |
| 20단 | 6코 | (−6코) |
| 19단 | 12코 | (−6코) |
| 18단 | 18코 | (−6코) |
| 17단 | 24코 | (−6코) |
| 15·16단 | 30코 | |
| 14단 | 30코 | (−6코) |
| 10~13단 | 36코 | |
| 9단 | 36코 | (+6코) |
| 7·8단 | 30코 | |
| 6단 | 30코 | (+6코) |
| 5단 | 24코 | (+6코) |
| 4단 | 18코 | (+6코) |
| 3단 | 12코 | (+6코) |
| 1·2단 | 6코 | |

※ 솜을 넣고 마지막 단에 실을 통과시켜서 조인다

### 열매 노랑

▶ = 실 자르기

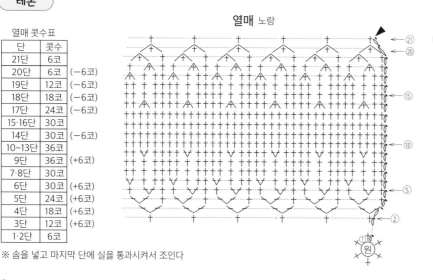

### 완성

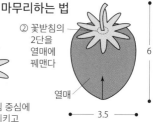

열매

5.5

8

70

## 17 웨딩 베어 Photo_ P.21

### ◆ 재료와 용구

**남자 곰**

<실> 뜨개실 피에로 래빗 펠리스(02) 75g, 코튼 니트 (S) 실버그레이(04) 20g, 마론브라운(35) 조금, 쿠셀 아쿠아블루(04) 5g

<바늘> 코바늘 7/0호, 5/0호, 4/0호

<그 외> 지름 9mm 플라스틱 아이(크리스탈블루) 2개, 지름 35mm 플라스틱 조인트 4세트, 지름 6mm 펄 비즈 3개, 지름 8mm 똑딱단추 2쌍, 6mm 너비 납작 고무줄(흰색) 20cm, 수예용 솜 적당량, 면실(검정) 50cm

**여자 곰**

<실> 뜨개실 피에로 래빗 펠리스(02) 75g, 코튼 니트 (S) 흰색(01) 60g, 마론브라운(35) 조금, 쿠셀 아이보리화이트(01) 5g

<바늘> 코바늘 7/0호, 5/0호, 2/0호

<그 외> 지름 9mm 플라스틱 아이(크리스탈브라운) 2개, 지름 35mm 플라스틱 조인트 4세트, 지름 4mm 펄 비즈 10개, 지름 8mm 똑딱단추 2쌍, 소프트 튈(흰색) 50cm×60cm, 3cm 브로치 핀(실버) 1개, 수예용 솜 적당량, 면실(검정) 50cm, 자수실(검정) 조금

### ◆ 완성 치수

앉은 높이 20cm, 서 있는 전체 길이 24cm

### ◆ 뜨는 법 포인트

곰은 P.30의 '기본 곰'과 같은 방법으로 만든다. 단, 코와 코밑 스티치와 여자 곰 속눈썹은 기본 곰과 다르므로 주의한다.

각 부분은 그림을 참조하여 필요한 장수만큼 뜬다.

마무리하는 법을 참조하여 만든다.

### 베일 만드는 법

① 소프트 튈은 그림의 치수대로 잘라서 2장으로 만든다.

② 2장을 겹치고 1변을 홈질한다.

③ 홈질한 부분을 조인다.

④ 브로치 핀을 안면에 단다.

⑤ 꽃 장식을 3장 만들어서 겉면에 단다.

### 웨딩드레스 만드는 법

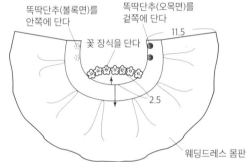

① 웨딩드레스 몸판은 그림을 참조하여 뜬다.
② 꽃 장식을 7장 만들어서 정해진 위치에 단다.
③ 똑딱단추를 정해진 위치에 단다.

### 곰 마무리하는 법

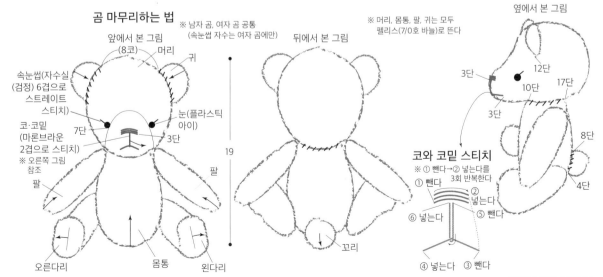

다음 페이지로 이어진다

71

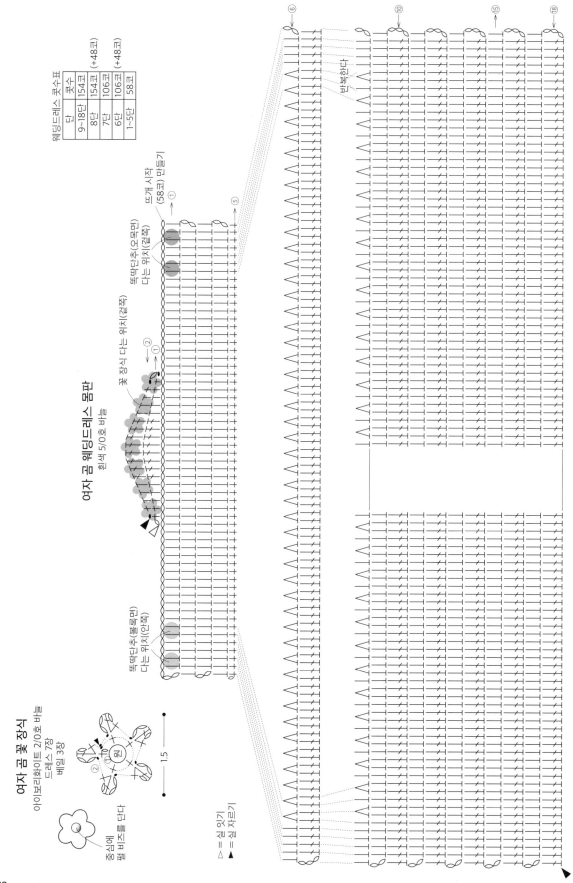

여자 곰 웨딩드레스 몸판
흰색 5/0호 바늘

여자 곰 꽃 장식
아이보리화이트 2/0호 바늘
드레스 7장
베일 3장

중심에
펄 비즈를 단다

1.5

원

△ = 실 잇기
▲ = 실 자르기

꽃 장식 다는 위치(겉쪽)

똑딱단추(볼록면)
다는 위치(안쪽)

똑딱단추(오목면)
다는 위치(겉쪽)

뜨개 시작
(58코) 만들기

반복한다

| 웨딩드레스 콧수표 | |
|---|---|
| 단 | 콧수 |
| 9~18단 | 154코 |
| 8단 | 154코 (+48코) |
| 7단 | 106코 |
| 6단 | 106코 (+48코) |
| 1~5단 | 58코 |

## 턱시도 조끼 마무리하는 법

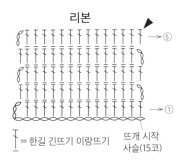

10

13.5

똑딱단추(오목면)를
겉쪽에 단다

펄 비즈를
겉쪽에 단다

똑딱단추(볼록면)를
겉쪽에 단다 안쪽에 단다

① 턱시도 조끼는 그림을 참조하여 뜬다.
② ★, ☆끼리 감침질로 잇는다.
③ 펄 비즈, 똑딱단추를 정해진 위치에 단다.

### 남자 곰 턱시도 조끼
실버그레이 5/0호 바늘

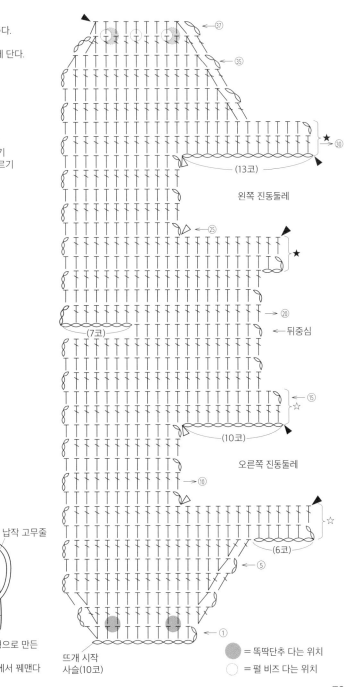

▷ = 실 잇기
► = 실 자르기

(13코)

★ ㉚

왼쪽 진동둘레

★

㉕

(7코)

⑳

← 뒤중심

⑮
☆

(10코)

오른쪽 진동둘레

⑩

☆

(6코)

⑤

①

뜨개 시작
사슬(10코)

= 똑딱단추 다는 위치

= 펄 비즈 다는 위치

### 남자 곰 나비 넥타이
아쿠아블루 2겹 4/0호 바늘

**리본**

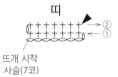

⑤

①

= 한길 긴뜨기 이랑뜨기

뜨개 시작
사슬(15코)

**띠**

②
①

뜨개 시작
사슬(7코)

### 나비넥타이 마무리하는 법

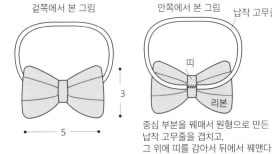

겉쪽에서 본 그림

안쪽에서 본 그림

납작 고무줄

띠

리본

3

5

중심 부분을 꿰매서 원형으로 만든
납작 고무줄을 겹치고,
그 위에 띠를 감아서 뒤에서 꿰맨다

# 16 아기 딸랑이 Photo_ P.20

## ● 재료와 용구
<실> 하마나카 폼 릴리<과일 염색> 곰: 레몬(503)
15g, 토끼: 서양배(501) 15g, 워시 코튼 곰: 갈색(38)
조금, 토끼: 분홍(8) 조금
<바늘> 코바늘 3/0호
<그 외> 자수실(검정) 조금, 플라스틱 방울 1개씩, 수예
용 솜 적당량

## ● 완성 치수
그림 참조
## ● 뜨는 법 포인트
각 부분은 그림을 참조하여 필요한 장수만큼 뜬다.
마무리하는 법을 참조하여 만든다.

### 배색표
|  | 곰 | 토끼 |
|---|---|---|
| 머리·손잡이·귀 | 레몬 | 서양배 |
| 코·코밑 | 갈색 | 분홍 |
| 눈 | 자수실 | 자수실 |

① 머리를 뜬다.
② 귀를 떠서 머리의 정해진 위치에 단다.
③ 눈, 코, 코밑은 스티치한다(그림 참조).
④ 손잡이를 떠서 머리와 균형 있게 이어준다.

## 곰 마무리하는 법

앞에서 본 그림

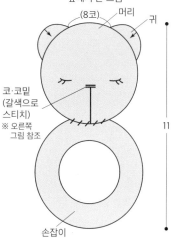

(8코) 머리
귀
코·코밑
(갈색으로
스티치)
※ 오른쪽
그림 참조
손잡이

뒤에서 본 그림

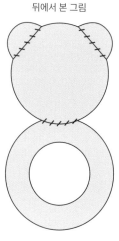

11

옆에서 본 그림

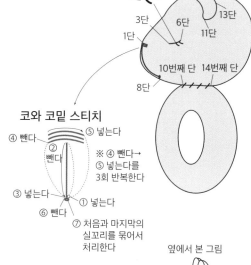

눈(자수실 검정
3겹으로 스티치)
3단
1단
13단
6단
11단
10번째 단   14번째 단
8단

## 코와 코밑 스티치

④ 뺀다
② 뺀다
⑤ 넣는다
※ ④ 뺀다→
⑤ 넣는다를
3회 반복한다
③ 넣는다
① 넣는다
⑥ 뺀다
⑦ 처음과 마지막의
실꼬리를 묶어서
처리한다

## 토끼 마무리하는 법

앞에서 본 그림

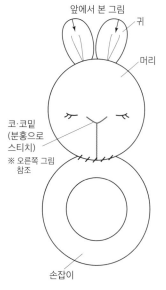

귀
머리
코·코밑
(분홍으로
스티치)
※ 오른쪽 그림
참조
손잡이

뒤에서 본 그림

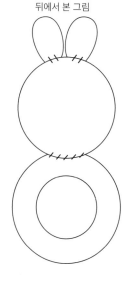

13

옆에서 본 그림

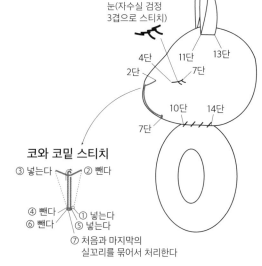

눈(자수실 검정
3겹으로 스티치)
4단
2단
11단
13단
7단
10단
14단
7단

## 코와 코밑 스티치

③ 넣는다
② 뺀다
④ 뺀다
① 넣는다
⑥ 뺀다
⑤ 넣는다
⑦ 처음과 마지막의
실꼬리를 묶어서 처리한다

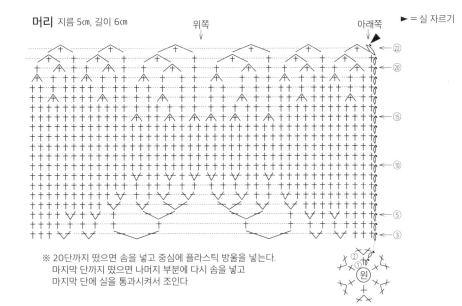

머리 지름 5㎝, 길이 6㎝

위쪽

아래쪽

► = 실 자르기

머리 콧수표

| 단 | 콧수 | |
|---|---|---|
| 22단 | 6코 | (−6코) |
| 21단 | 12코 | (−6코) |
| 20단 | 18코 | (−6코) |
| 19단 | 24코 | (−6코) |
| 18단 | 30코 | |
| 17단 | 30코 | (−6코) |
| 16단 | 36코 | |
| 15단 | 36코 | (−6코) |
| 10~14단 | 42코 | |
| 9단 | 42코 | (+6코) |
| 8단 | 36코 | |
| 7단 | 36코 | (+6코) |
| 6단 | 30코 | (+6코) |
| 5단 | 24코 | (+6코) |
| 4단 | 18코 | |
| 3단 | 18코 | (+6코) |
| 2단 | 12코 | (+6코) |
| 1단 | 6코 | |

※ 20단까지 떴으면 솜을 넣고 중심에 플라스틱 방울을 넣는다.
마지막 단까지 떴으면 나머지 부분에 다시 솜을 넣고
마지막 단에 실을 통과시켜서 조인다

손잡이

뜨개 끝의 실을
50㎝ 정도 남기고 자른다

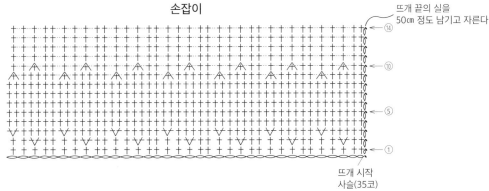

손잡이 콧수표

| 단 | 콧수 | |
|---|---|---|
| 11~14단 | 35코 | |
| 10단 | 35코 | (−7코) |
| 9단 | 42코 | (−7코) |
| 4~8단 | 49코 | |
| 3단 | 49코 | (+7코) |
| 2단 | 42코 | (+7코) |
| 1단 | 35코 | |

뜨개 시작
사슬(35코)

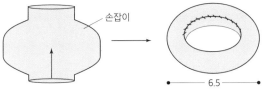

손잡이

6.5

※ 손잡이 1단과 마지막 단을 솜을 넣으면서
감침질로 잇는다

토끼 귀 콧수표

| 단 | 콧수 | |
|---|---|---|
| 5~8단 | 16코 | |
| 4단 | 16코 | (+4코) |
| 3단 | 12코 | |
| 2단 | 12코 | (+4코) |
| 1단 | 8코 | |

토끼 귀 2장

뜨개 끝의 실을
20㎝ 정도 남기고 자른다

곰 귀 2장

뜨개 끝의 실을
30㎝ 정도 남기고 자른다

곰 귀 콧수표

| 단 | 콧수 | |
|---|---|---|
| 3단 | 21코 | (+7코) |
| 2단 | 14코 | (+7코) |
| 1단 | 7코 | |

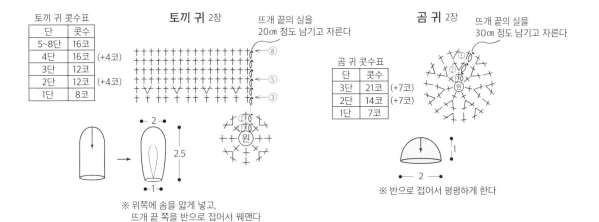

2
2.5
1

※ 위쪽에 솜을 얇게 넣고,
뜨개 끝 쪽을 반으로 접어서 꿰맨다

1
2

※ 반으로 접어서 평평하게 한다

# 미니 토끼 / 미니 곰  Photo_ P.22

**18**

**19**

**❂ 재료와 용구**

<실> 뜨개실 피에로 님 [토끼: 오프화이트(01) 10g, 곰: 시나몬(03) 10g], 코튼 니트(S) [토끼: 플라밍고핑크(32) 조금, 곰: 다크브라운(37) 조금]

<바늘> 코바늘 4/0호

<그 외> 지름 3㎜ 비즈 아이(검정) 2개씩, 수예용 솜 적당량, 면실(검정) 50㎝

**❂ 완성 치수**

그림 참조

**❂ 뜨는 법 포인트**

스티치 이외에는 모두 님 2겹으로 뜬다.
토끼와 곰 모두 귀 이외의 부분은 공통.
각 부분은 그림을 참조하여 필요한 장수만큼 뜬다.
마무리하는 법을 참조하여 만든다.

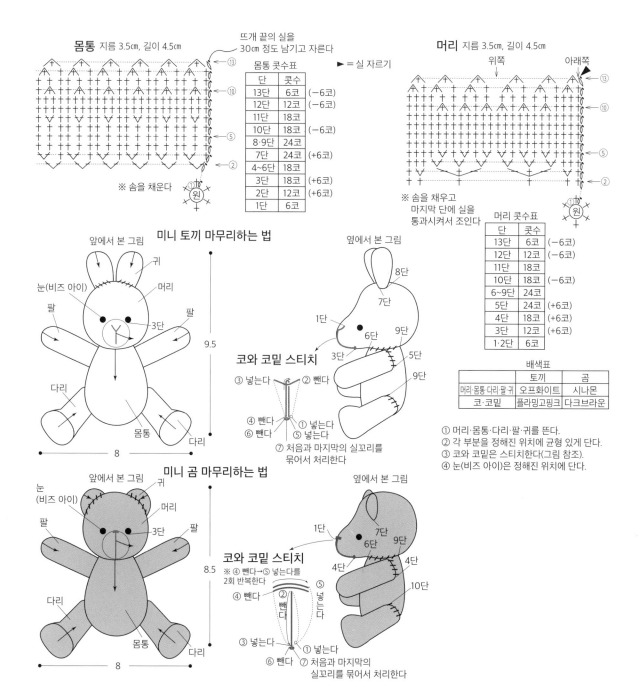

**몸통** 지름 3.5㎝, 길이 4.5㎝

뜨개 끝의 실을 30㎝ 정도 남기고 자른다

► = 실 자르기

※ 솜을 채운다

몸통 콧수표

| 단 | 콧수 | |
|---|---|---|
| 13단 | 6코 | (−6코) |
| 12단 | 12코 | (−6코) |
| 11단 | 18코 | |
| 10단 | 18코 | (−6코) |
| 8·9단 | 24코 | |
| 7단 | 24코 | (+6코) |
| 4~6단 | 18코 | |
| 3단 | 18코 | (+6코) |
| 2단 | 12코 | (+6코) |
| 1단 | 6코 | |

**머리** 지름 3.5㎝, 길이 4.5㎝

위쪽  아래쪽

※ 솜을 채우고 마지막 단에 실을 통과시켜서 조인다

머리 콧수표

| 단 | 콧수 | |
|---|---|---|
| 13단 | 6코 | (−6코) |
| 12단 | 12코 | (−6코) |
| 11단 | 18코 | |
| 10단 | 18코 | (−6코) |
| 6~9단 | 24코 | |
| 5단 | 24코 | (+6코) |
| 4단 | 18코 | (+6코) |
| 3단 | 12코 | (+6코) |
| 1·2단 | 6코 | |

**미니 토끼 마무리하는 법**

앞에서 본 그림
귀 · 머리
눈(비즈 아이)
팔 · 팔
3단
다리 · 다리
몸통
9.5
8

옆에서 본 그림
8단
7단
1단
6단
9단
3단
5단
9단

**코와 코밑 스티치**

③ 넣는다  ② 뺀다
④ 뺀다  ① 넣는다
⑥ 뺀다  ⑤ 넣는다
⑦ 처음과 마지막의 실꼬리를 묶어서 처리한다

**미니 곰 마무리하는 법**

앞에서 본 그림
눈(비즈 아이)
귀 · 머리
팔 · 팔
3단
다리 · 다리
몸통
8.5
8

옆에서 본 그림
1단
7단
6단
9단
4단
4단
10단

**코와 코밑 스티치**

※ ④ 뺀다→⑤ 넣는다를 2회 반복한다
⑤ 넣는다
④ 뺀다
② 뺀다
③ 넣는다  ① 넣는다
⑥ 뺀다  ⑦ 처음과 마지막의 실꼬리를 묶어서 처리한다

배색표

| | 토끼 | 곰 |
|---|---|---|
| 머리·몸통·다리·팔·귀 | 오프화이트 | 시나몬 |
| 코·코밑 | 플라밍고핑크 | 다크브라운 |

① 머리·몸통·다리·팔·귀를 뜬다.
② 각 부분을 정해진 위치에 균형 있게 단다.
③ 코와 코밑은 스티치한다(그림 참조).
④ 눈(비즈 아이)은 정해진 위치에 단다.

## 20 일본 전통 의상 Photo_ P.23

### ◆ 재료와 용구

<실> 뜨개실 피에로 코튼 니트(S) 카마인(26) 20g, 실버그레이(04) · 남색(09) 10g씩 · 흰색(01) · 아이보리(02) · 청록색(13) · 옐로오커(21) · 시트론그린(17) · 진한 빨강(25) 5g씩

<바늘> 코바늘 3/0호

<그 외> 지름 7㎜ 똑딱단추 2쌍, 자수실(금색) 조금

### ◆ 완성 치수

그림 참조

### ◆ 뜨는 법 포인트

각 부분은 그림을 참조하여 필요한 장수만큼 뜬다.
마무리하는 법을 참조하여 만든다.

### 띠 몸판

배색 ▬▬ = 청록색
▭ = 아이보리

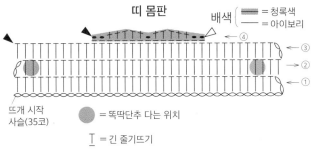

뜨개 시작
사슬(35코)

● = 똑딱단추 다는 위치

I = 긴 줄기뜨기
± = 짧은 줄기뜨기
● = 빼뜨기 줄기뜨기

▷ = 실 잇기
► = 실 자르기

### 리본 A 아이보리

### 리본 B 아이보리

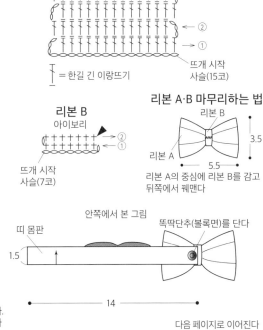

뜨개 시작
사슬(15코)

I = 한길 긴 이랑뜨기

뜨개 시작
사슬(7코)

### 리본 A·B 마무리하는 법

3.5
5.5

리본 A의 중심에 리본 B를 감고
뒤쪽에서 꿰맨다

### 띠 마무리하는 법

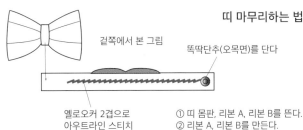

겉쪽에서 본 그림
똑딱단추(오목면)를 단다

옐로오커 2겹으로
아웃라인 스티치

① 띠 몸판, 리본 A, 리본 B를 뜬다.
② 리본 A, 리본 B를 만든다.
③ 띠 몸판에 아웃라인 스티치를 한다.
④ 똑딱단추와 ②를 정해진 위치에 단다

안쪽에서 본 그림
똑딱단추(볼록면)를 단다

띠 몸판
1.5

14

다음 페이지로 이어진다

---

### 미니 토끼와 미니 곰

**팔** 2개
지름 1.2㎝, 길이 3.5㎝

뜨개 끝의 실을
20㎝ 정도 남기고 자른다

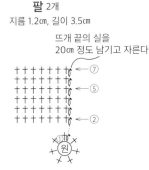

※ 반으로 접어서 평평하게 한다

**다리** 2개
지름 1.5㎝, 길이 4.5㎝

뜨개 끝의 실을
20㎝ 정도 남기고 자른다

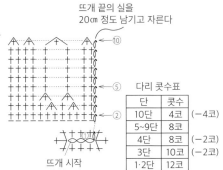

뜨개 시작
사슬(3코)

± = 짧은 줄기뜨기

다리 콧수표

| 단 | 콧수 | |
|---|---|---|
| 10단 | 4코 | (−4코) |
| 5~9단 | 8코 | |
| 4단 | 8코 | (−2코) |
| 3단 | 10코 | (−2코) |
| 1·2단 | 12코 | |

※ 솜을 넣는다

**토끼 귀** 2장

뜨개 끝의 실을
20㎝ 정도 남기고 자른다

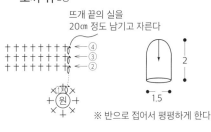

2
1.5

※ 반으로 접어서 평평하게 한다

**곰 귀** 2장

뜨개 끝의 실을
20㎝ 정도 남기고 자른다

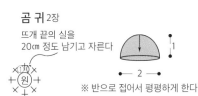

1
2

※ 반으로 접어서 평평하게 한다

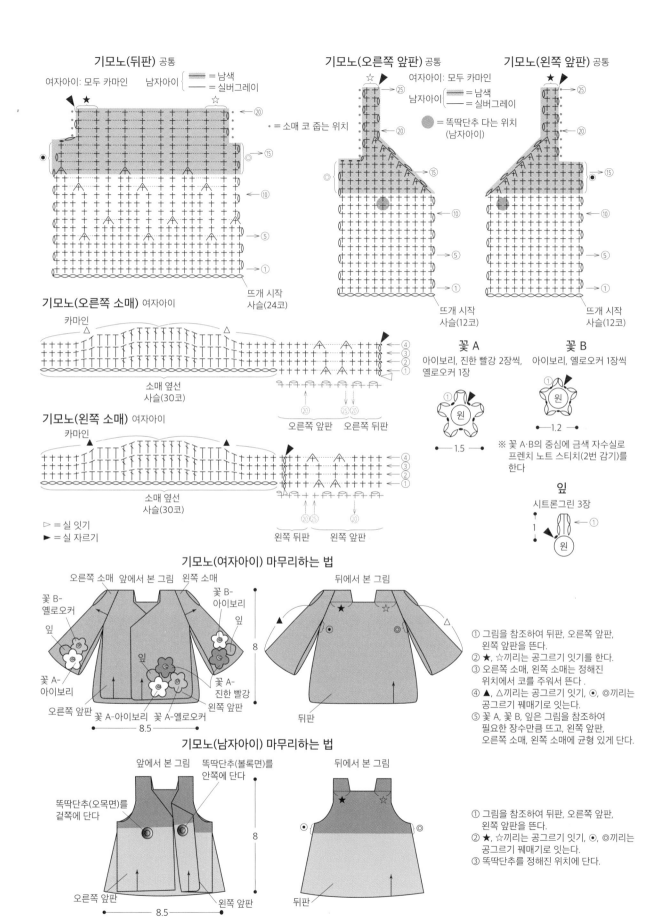

기모노(뒤판) 공통

여자아이: 모두 카마인　남자아이 ▨ = 남색　─ = 실버그레이

• = 소매 코 줍는 위치

⑳ ⑮ ⑩ ⑤ ①

뜨개 시작
사슬(24코)

기모노(오른쪽 앞판) 공통

☆

여자아이: 모두 카마인
남자아이 ▨ = 남색　─ = 실버그레이

● = 똑딱단추 다는 위치
(남자아이)

㉕ ⑳ ⑮ ⑩ ⑤ ①

뜨개 시작
사슬(12코)

기모노(왼쪽 앞판) 공통

★

㉕ ⑳ ⑮ ⑩ ⑤ ①

뜨개 시작
사슬(12코)

기모노(오른쪽 소매) 여자아이

카마인

소매 옆선
사슬(30코)

④ ③ ② ①

오른쪽 앞판　오른쪽 뒤판

기모노(왼쪽 소매) 여자아이

카마인

소매 옆선
사슬(30코)

④ ③ ② ①

왼쪽 뒤판　왼쪽 앞판

▷ = 실 잇기
► = 실 자르기

꽃 A
아이보리, 진한 빨강 2장씩,
옐로오커 1장

원

● 1.5 ●

꽃 B
아이보리, 옐로오커 1장씩

원

● 1.2 ●

※ 꽃 A·B의 중심에 금색 자수실로
프렌치 노트 스티치(2번 감기)를
한다

잎
시트론그린 3장

①

1

원

기모노(여자아이) 마무리하는 법

오른쪽 소매  앞에서 본 그림  왼쪽 소매

꽃 B-
옐로오커

잎

꽃 A-
아이보리

오른쪽 앞판　꽃 A-아이보리　꽃 A-옐로오커

꽃 B-
아이보리

잎

꽃 A-
진한 빨강

왼쪽 앞판

8.5

8

뒤에서 본 그림

★ ☆

뒤판

① 그림을 참조하여 뒤판, 오른쪽 앞판,
왼쪽 앞판을 뜬다.
② ★, ☆끼리는 공그르기 잇기를 한다.
③ 오른쪽 소매, 왼쪽 소매는 정해진
위치에서 코를 주워서 뜬다 .
④ ▲, △끼리는 공그르기 잇기, ⊙, ◎끼리는
공그르기 꿰매기로 잇는다.
⑤ 꽃 A, 꽃 B, 잎은 그림을 참조하여
필요한 장수만큼 뜨고, 왼쪽 앞판,
오른쪽 소매, 왼쪽 소매에 균형 있게 단다.

기모노(남자아이) 마무리하는 법

앞에서 본 그림　똑딱단추(볼록면)를
안쪽에 단다

똑딱단추(오목면)를
겉쪽에 단다

오른쪽 앞판　왼쪽 앞판

8.5

8

뒤에서 본 그림

★ ☆

뒤판

① 그림을 참조하여 뒤판, 오른쪽 앞판,
왼쪽 앞판을 뜬다.
② ★, ☆끼리는 공그르기 잇기, ⊙, ◎끼리는
공그르기 꿰매기로 잇는다.
③ 똑딱단추를 정해진 위치에 단다.

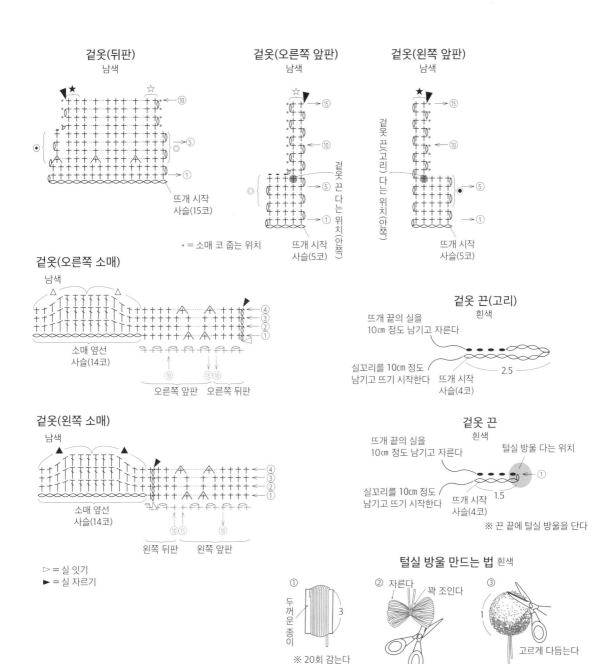

겉옷(뒤판)
남색

뜨개 시작
사슬(15코)

겉옷(오른쪽 앞판)
남색

겉옷 끈 다는 위치(안쪽)

뜨개 시작
사슬(5코)

• = 소매 코 줍는 위치

겉옷(왼쪽 앞판)
남색

겉옷 끈(고리) 다는 위치(안쪽)

뜨개 시작
사슬(5코)

겉옷(오른쪽 소매)
남색

소매 옆선
사슬(14코)

오른쪽 앞판    오른쪽 뒤판

겉옷 끈(고리)
흰색

뜨개 끝의 실을
10㎝ 정도 남기고 자른다

실꼬리를 10㎝ 정도
남기고 뜨기 시작한다

뜨개 시작
사슬(4코)

2.5

겉옷(왼쪽 소매)
남색

소매 옆선
사슬(14코)

왼쪽 뒤판    왼쪽 앞판

▷ = 실 잇기
► = 실 자르기

겉옷 끈
흰색

뜨개 끝의 실을
10㎝ 정도 남기고 자른다

털실 방울 다는 위치

실꼬리를 10㎝ 정도
남기고 뜨기 시작한다

뜨개 시작
사슬(4코)

1.5

※ 끈 끝에 털실 방울을 단다

털실 방울 만드는 법 흰색

① 두꺼운 종이

3

※ 20회 감는다

② 자른다    꽉 조인다

③

1

고르게 다듬는다

겉옷 마무리하는 법

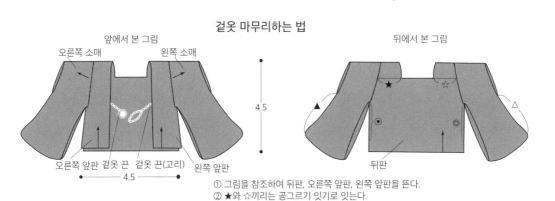

앞에서 본 그림

오른쪽 소매    왼쪽 소매

오른쪽 앞판  겉옷 끈  겉옷 끈(고리)  왼쪽 앞판

4.5

4.5

뒤에서 본 그림

★  ☆

▲  ◎

△

뒤판

① 그림을 참조하여 뒤판, 오른쪽 앞판, 왼쪽 앞판을 뜬다.
② ★와 ☆끼리는 공그르기 잇기로 잇는다.
③ 오른쪽 소매, 왼쪽 소매는 정해진 위치에서 코를 주워서 뜬다.
④ ▲와 △끼리는 공그르기 잇기, ⊙와 ◎는 공그르기 꿰매기로 잇는다.
⑤ 겉옷 끈, 겉옷 끈(고리)을 떠서 정해진 위치에 단다.

## 21 여자아이의 날 Photo_ P.24

**◐ 재료와 용구**

&lt;실&gt; 뜨개실 피에로 코튼 니트(S) 베이비블루(11) · 쉬림프핑크(28) 15g씩, 진한 빨강(25) · 사파이어블루(12) 10g씩, 흰색(01) · 검정(03) · 라임라이트(20) · 플라밍고핑크(32) · 미스트그레이(81) 5g씩

&lt;바늘&gt; 코바늘 3/0호

&lt;그 외&gt; 자수실(금색) 조금, 지름 7㎜ 똑딱단추 1쌍

**◐ 완성 치수**

그림 참조

**◐ 뜨는 법 포인트**

각 부분은 그림을 참조하여 필요한 장수만큼 뜬다.
마무리하는 법을 참조하여 만든다.

### 여자아이 부채
라임라이트

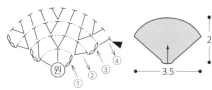

### 여자아이 꽃
플라밍고핑크

─ 1.5 ─

### 남자아이 홀
검정

※ 반으로 접어서
평평하게 한다

### 남자아이 관 몸판
검정

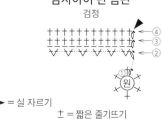

► = 실 자르기

± = 짧은 줄기뜨기

### 남자아이 관 장식
검정

※ 반으로 접어서 평평하게 한다

### 관 만드는 법
옆에서 본 그림

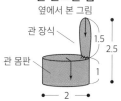

관 장식

관 몸판

1.5

2.5

1

─ 2 ─

※ 관 몸판 위에 관 장식을 단다

### 기모노 뒤판 (여자아이)　앞판 (남자아이)

여자아이: 모두 쉬림프핑크

남자아이 { ── = 베이비블루　▦ = 사파이어블루 }

• = 소매 코 줍는 위치

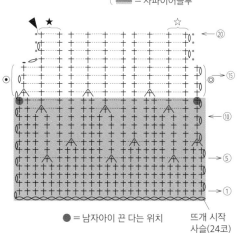

● = 남자아이 끈 다는 위치

뜨개 시작
사슬(24코)

### 오른쪽 앞판 (여자아이)　왼쪽 뒤판 (남자아이)

여자아이 { ── = 쉬림프핑크　▦ = 진한 빨강 }

남자아이: 모두 베이비블루

### 왼쪽 앞판 (여자아이)　오른쪽 뒤판 (남자아이)

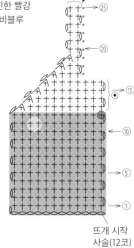

뜨개 시작
사슬(12코)

뜨개 시작
사슬(12코)

● = 여자아이 끈 다는 위치

◌ = 남자아이 똑딱단추 다는 위치

**오른쪽 소매** (여자아이)  **왼쪽 소매** (남자아이)

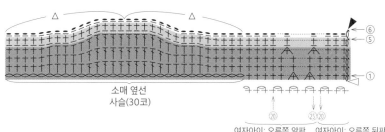

소매 옆선
사슬(30코)

⑥
⑤
①

⑳ ㉓⑳

여자아이: 오른쪽 앞판　여자아이: 오른쪽 뒤판
남자아이: 왼쪽 뒤판　남자아이: 왼쪽 앞판

**통바지 끈** 2장 공통

여자아이: 진한 빨강
남자아이: 사파이어블루

다
는
위
치

뜨개 시작
사슬(15코)

①

**왼쪽 소매** (여자아이)  **오른쪽 소매** (남자아이)

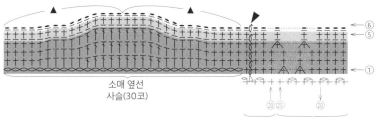

소매 옆선
사슬(30코)

⑥
⑤
①

⑳ ㉕ ⑳

여자아이: 왼쪽 뒤판　여자아이: 왼쪽 앞판
남자아이: 오른쪽 앞판　남자아이: 오른쪽 뒤판

▷ = 실 잇기
► = 실 자르기
╪ = 짧은 줄기뜨기
≗ = 빼뜨기 줄기뜨기

기모노(오른쪽 소매)(왼쪽 소매) 배색표

| | 여자아이 | 남자아이 |
|---|---|---|
| —— | 흰색 | 흰색 |
| | 플라밍고핑크 | 미스트그레이 |
| | 쉬림프핑크 | 베이비블루 |

### 기모노(여자아이) 마무리하는 법

앞에서 본 그림

오른쪽 소매　왼쪽 소매
끈
오른쪽 앞판
왼쪽 앞판
8.5

① 그림을 참조하여 뒤판, 오른쪽 앞판,
　왼쪽 앞판을 뜬다.
② ★와 ☆끼리는 공그르기 잇기로 잇는다.
③ 오른쪽 소매, 왼쪽 소매는
　정해진 위치에서 코를 주워서 뜬다.
④ ⊙와 ◎끼리는 공그르기 꿰매기,
　▲와 △끼리는 공그르기 잇기로 잇는다.
⑤ 끈을 떠서 정해진 위치에 단다.

8

뒤에서 본 그림

★ ☆ △
뒤판

### 기모노(남자아이) 마무리하는 법

앞에서 본 그림

★ ☆ △
끈
앞판
8.5

① 그림을 참조하여 앞판, 오른쪽 뒤판,
　왼쪽 뒤판을 뜬다.
② ★와 ☆끼리는 공그르기 잇기로 잇는다.
③ 오른쪽 소매, 왼쪽 소매는
　정해진 위치에서 코를 주워서 뜬다.
④ ⊙와 ◎끼리는 공그르기 꿰매기,
　▲와 △끼리는 공그르기 잇기로 잇는다.
⑤ 끈을 떠서 정해진 위치에 단다.
⑥ 똑딱단추를 정해진 위치에 단다.

8

뒤에서 본 그림

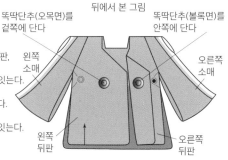

똑딱단추(오목면)를
겉쪽에 단다
똑딱단추(볼록면)를
안쪽에 단다
왼쪽
소매
오른쪽
소매
왼쪽
뒤판
오른쪽
뒤판

# 23 핼러윈 Photo_ P.26

**◆ 재료와 용구**

<실> 뜨개실 피에로 코튼 니트(S)

모자(대)&망토(소): 검정(03) 10g, 다크바이올렛(08) 5g,

모자(소)&망토(대): 검정(03) 10g, 만다린오렌지(22) 5g

<바늘> 코바늘 3/0호

**◆ 완성 치수**

그림 참조

**◆ 뜨는 법 포인트**

각 부분은 그림을 참조하여 뜬다.

마무리하는 법을 참조하여 만든다.

### 모자(대) 검정

= 10단까지 다 뜨고 나서 9단의 머리에 바늘을 넣어서
다크바이올렛으로 빼뜨기

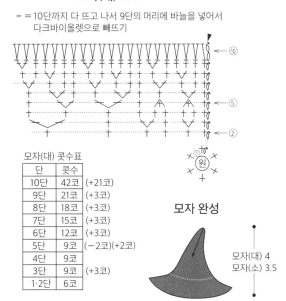

**모자(대) 콧수표**

| 단 | 콧수 | |
|---|---|---|
| 10단 | 42코 | (+21코) |
| 9단 | 21코 | (+3코) |
| 8단 | 18코 | (+3코) |
| 7단 | 15코 | (+3코) |
| 6단 | 12코 | (+3코) |
| 5단 | 9코 | (−2코)(+2코) |
| 4단 | 9코 | |
| 3단 | 9코 | (+3코) |
| 1·2단 | 6코 | |

▷ = 실 잇기

► = 실 자르기

### 모자(소) 검정

= 9단까지 다 뜨고 나서 8단의 머리에 바늘을 넣어서
만다린오렌지로 빼뜨기

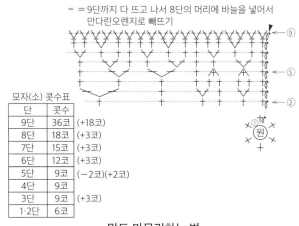

**모자(소) 콧수표**

| 단 | 콧수 | |
|---|---|---|
| 9단 | 36코 | (+18코) |
| 8단 | 18코 | (+3코) |
| 7단 | 15코 | (+3코) |
| 6단 | 12코 | (+3코) |
| 5단 | 9코 | (−2코)(+2코) |
| 4단 | 9코 | |
| 3단 | 9코 | (+3코) |
| 1·2단 | 6코 | |

### 모자 완성

모자(대) 4
모자(소) 3.5

모자(대) 5
모자(소) 4

### 망토 마무리하는 법

※ 끈은 몸판의 정해진 위치에 끼운다

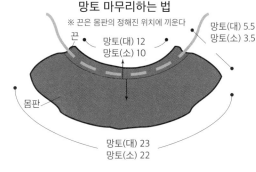

끈

망토(대) 12
망토(소) 10

망토(대) 5.5
망토(소) 3.5

몸판

망토(대) 23
망토(소) 22

### 망토(대)·(소) 몸판
검정

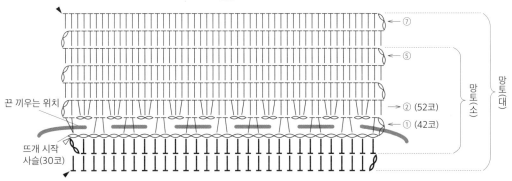

끈 끼우는 위치

뜨개 시작
사슬(30코)

⑦

⑤

② (52코)

① (42코)

망토(소)

망토(대)

### 끈

망토(대): 만다린오렌지
망토(소): 다크바이올렛

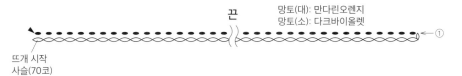

① →

뜨개 시작
사슬(70코)

## 남자아이의 날 Photo_ P.25

◆ **재료와 용구**

<실> 뜨개실 피에로 코튼 니트(S) 아이보리(02) · 베이비블루(11) · 사파이아블루(12) · 라임그린(19) · 라임라이트(20) · 만다린오렌지(22) 5g씩

<바늘> 코바늘 3/0호

<그 외> 대나무 꼬치 15㎝ 1개, 수예용 접착제 조금

◆ **완성 치수**

그림 참조

◆ **뜨는 법 포인트**

각 부분은 그림을 참조하여 필요한 장수만큼 뜬다.
마무리하는 법을 참조하여 만든다.

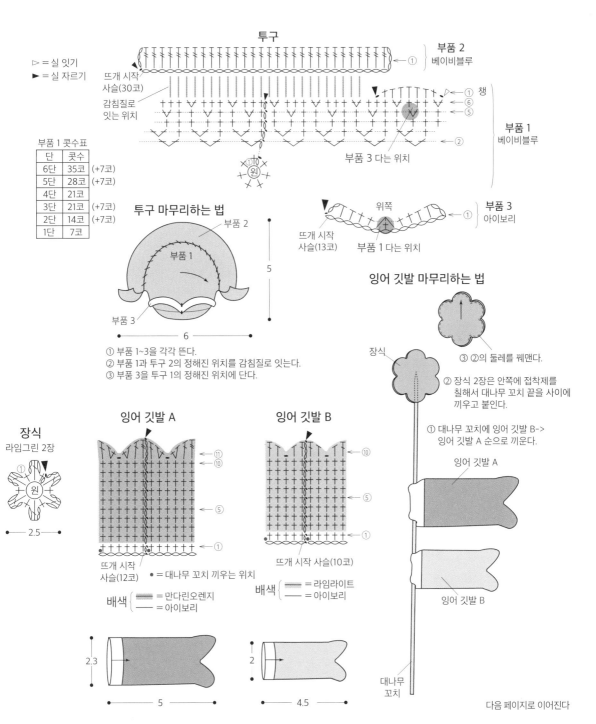

▷ = 실 잇기
► = 실 자르기

**투구**

부품 2
베이비블루

뜨개 시작
사슬(30코)

감침질로
잇는 위치

챙

부품 1
베이비블루

부품 3 다는 위치

**부품 1 콧수표**

| 단 | 콧수 | |
|---|---|---|
| 6단 | 35코 | (+7코) |
| 5단 | 28코 | (+7코) |
| 4단 | 21코 | |
| 3단 | 21코 | (+7코) |
| 2단 | 14코 | (+7코) |
| 1단 | 7코 | |

**투구 마무리하는 법**

부품 2
부품 1
부품 3

5
6

① 부품 1~3을 각각 뜬다.
② 부품 1과 투구 2의 정해진 위치를 감침질로 잇는다.
③ 부품 3을 투구 1의 정해진 위치에 단다.

**부품 3**
아이보리

위쪽

뜨개 시작
사슬(13코)

부품 1 다는 위치

**잉어 깃발 마무리하는 법**

③ ②의 둘레를 꿰맨다.

② 장식 2장은 안쪽에 접착제를 칠해서 대나무 꼬치 끝을 사이에 끼우고 붙인다.

① 대나무 꼬치에 잉어 깃발 B-> 잉어 깃발 A 순으로 끼운다.

장식

잉어 깃발 A

잉어 깃발 B

대나무 꼬치

**장식**
라임그린 2장

2.5

**잉어 깃발 A**

⑪
⑩

⑤

①

뜨개 시작
사슬(12코)

⌂ = 대나무 꼬치 끼우는 위치

배색 { ▬ = 만다린오렌지
⎯ = 아이보리

**잉어 깃발 B**

⑩

⑤

①

뜨개 시작 사슬(10코)

배색 { ▬ = 라임라이트
⎯ = 아이보리

2.3
5

2
4.5

다음 페이지로 이어진다

# 24 크리스마스 Photo_ P.27

**○ 재료와 용구**

<실> 뜨개실 피에로 코튼 니트(S) 카마인(26) 15g, 님
오프화이트(01) 5g

<바늘> 코바늘 4/0호, 3/0호

<그 외> 지름 7㎜ 똑딱단추 3쌍

**○ 완성 치수**

그림 참조

**○ 뜨는 법 포인트**

카마인은 1겹(3/0호 바늘), 오프화이트는 2겹(4/0호 바늘)으로 뜬다.

각 부분은 그림을 참조하여 필요한 장수만큼 뜬다.

마무리하는 법을 참조하여 만든다.

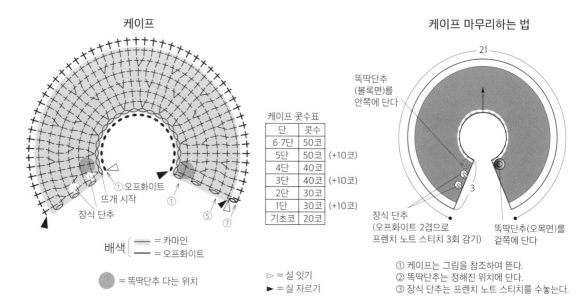

케이프

케이프 마무리하는 법

### 케이프 콧수표

| 단 | 콧수 | |
|---|---|---|
| 6·7단 | 50코 | |
| 5단 | 50코 | (+10코) |
| 4단 | 40코 | |
| 3단 | 40코 | (+10코) |
| 2단 | 30코 | |
| 1단 | 30코 | (+10코) |
| 기초코 | 20코 | |

① 오프화이트
뜨개 시작
장식 단추

배색 {  ▭ = 카마인
       ▬ = 오프화이트

 = 똑딱단추 다는 위치

▷ = 실 잇기
► = 실 자르기

똑딱단추
(볼록면)를
안쪽에 단다

21

장식 단추
(오프화이트 2겹으로
프렌치 노트 스티치 3회 감기)

똑딱단추(오목면)를
겉쪽에 단다

3

① 케이프는 그림을 참조하여 뜬다.
② 똑딱단추는 정해진 위치에 단다.
③ 장식 단추는 프렌치 노트 스티치를 수놓는다.

**남자아이의 날**

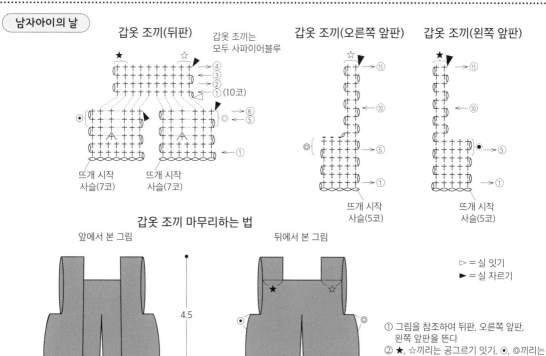

갑옷 조끼(뒤판)

갑옷 조끼는
모두 사파이어블루

갑옷 조끼(오른쪽 앞판)

갑옷 조끼(왼쪽 앞판)

① (10코)

뜨개 시작
사슬(7코)

뜨개 시작
사슬(7코)

뜨개 시작
사슬(5코)

뜨개 시작
사슬(5코)

### 갑옷 조끼 마무리하는 법

앞에서 본 그림

뒤에서 본 그림

4.5

5

▷ = 실 잇기
► = 실 자르기

① 그림을 참조하여 뒤판, 오른쪽 앞판,
왼쪽 앞판을 뜬다
② ★, ☆끼리는 공그르기 잇기, ⊙, ◎끼리는
공그르기 꿰매기로 잇는다.

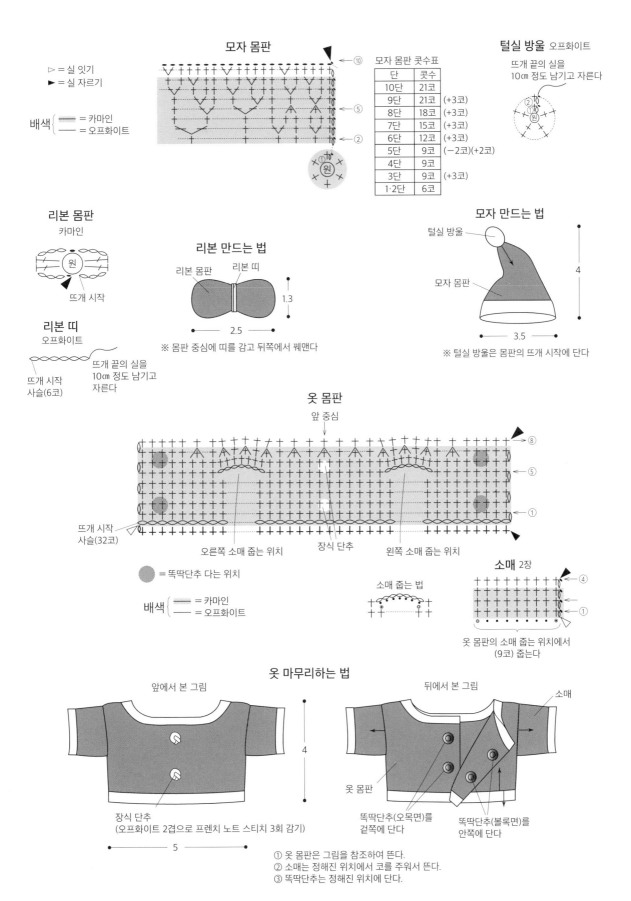

## 모자 몸판

▷ = 실 잇기
► = 실 자르기

배색 ( = 카마인
      = 오프화이트

| 모자 몸판 콧수표 | |  |
|---|---|---|
| 단 | 콧수 | |
| 10단 | 21코 | |
| 9단 | 21코 | (+3코) |
| 8단 | 18코 | (+3코) |
| 7단 | 15코 | (+3코) |
| 6단 | 12코 | (+3코) |
| 5단 | 9코 | (−2코)(+2코) |
| 4단 | 9코 | |
| 3단 | 9코 | (+3코) |
| 1·2단 | 6코 | |

## 털실 방울 오프화이트

뜨개 끝의 실을
10㎝ 정도 남기고 자른다

## 리본 몸판

카마인

원
뜨개 시작

## 리본 만드는 법

리본 몸판  리본 띠

1.3
2.5

※ 몸판 중심에 띠를 감고 뒤쪽에서 꿰맨다

## 리본 띠

오프화이트

뜨개 시작
사슬(6코)

뜨개 끝의 실을
10㎝ 정도 남기고
자른다

## 모자 만드는 법

털실 방울
모자 몸판
4
3.5

※ 털실 방울은 몸판의 뜨개 시작에 단다

## 옷 몸판

앞 중심

뜨개 시작
사슬(32코)

오른쪽 소매 줍는 위치
장식 단추
왼쪽 소매 줍는 위치

● = 똑딱단추 다는 위치

배색 ( = 카마인
      = 오프화이트

소매 줍는 법

소매 2장

옷 몸판의 소매 줍는 위치에서
(9코) 줍는다

## 옷 마무리하는 법

앞에서 본 그림
뒤에서 본 그림

소매
옷 몸판

장식 단추
(오프화이트 2겹으로 프렌치 노트 스티치 3회 감기)

똑딱단추(오목면)를
겉쪽에 단다

똑딱단추(볼록면)를
안쪽에 단다

4
5

① 옷 몸판은 그림을 참조하여 뜬다.
② 소매는 정해진 위치에서 코를 주워서 뜬다.
③ 똑딱단추는 정해진 위치에 단다.

# 🧶 코바늘뜨기 기초

이 책에 나오는 주요 뜨개코 기호 뜨는 법을 소개합니다. 완전히 똑같은 뜨개법을 찾지 못할 때는 비슷한 기호 뜨는 법을 조합하여 같은 요령으로 뜹니다. 오른쪽 QR코드를 찍으면 그 외의 뜨개법이나 동영상도 볼 수 있습니다.

일본어 사이트

---

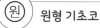 **원형 기초코**

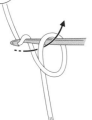   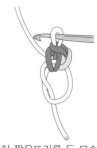

**1** 실로 고리를 만들고 교차점을 누른 상태에서 바늘에 실을 걸어서 빼낸다.

**2** 고리를 조이지 않고 느슨한 상태에서 기둥코 사슬(여기에서는 1코)을 뜬다.

**3** 이어서 고리 안에 바늘을 넣고 2가닥을 주워서 첫 코(여기에서는 짧은뜨기)를 뜬다.

**4** 첫 짧은뜨기를 든 모습. 같은 요령으로 고리 안에 필요한 콧수만큼 뜬다.

---

◯ **사슬뜨기 기초코 (사슬뜨기)**

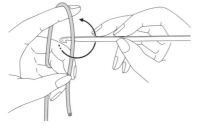  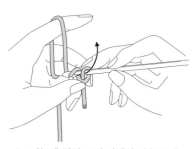

엄지손가락과
가운뎃손가락으로 누른다

**1** 바늘을 실 뒤쪽에 대고 화살표처럼 한 바퀴 돌려서 실을 감는다.

**2** 실의 교차점을 왼손 엄지손가락과 가운뎃손가락으로 누르고 바늘을 화살표처럼 움직여서 실을 건다.

**3** 바늘에 걸린 고리 안에서 실을 끌어낸다.

당겨서 조인다

**4** 실꼬리를 당겨서 조인다(이 코는 기초코 콧수에 포함되지 않는다).

**5** 화살표처럼 바늘에 실을 건다.

**6** 바늘에 걸린 고리 안에서 실을 끌어낸다.

**7** '바늘에 실을 걸고, 바늘에 걸린 고리 안에서 실을 끌어내기'를 반복하여 필요한 콧수만큼 뜬다.

---

✛ **짧은뜨기**

**1** 앞단(여기에서는 기초코의 사슬코 산)에 바늘을 넣고,

**2** 바늘에 실을 뒤쪽에서 앞쪽으로 걸고 화살표처럼 끌어낸다.

**3** 한 번 더 바늘에 실을 걸고, 바늘에 걸린 고리 2개 안에서 한 번에 빼낸다.

**4** 짧은뜨기 완성.

짧은뜨기 2코 모아뜨기

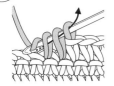

1 미완성 짧은뜨기('짧은뜨기' 3처럼 마지막 실을 빼내기 전의 상태)를 2코 뜨고, 고리 3개 안으로 한꺼번에 빼낸다.

2 2코가 1코가 되고, 짧은뜨기 2코 모아뜨기 완성.

 짧은뜨기 2코 늘려뜨기

1 짧은뜨기를 1코 떴으면 같은 코에 바늘을 넣어서 짧은뜨기를 1코 더 뜬다.

2 같은 코에 짧은뜨기를 2코 떴다. 1코가 늘어난 상태.

 짧은 줄기뜨기 (원형뜨기일 때)

앞단 코의 머리 뒤쪽 반 코를 주워서 짧은뜨기를 한다. 원형뜨기일 때는 언제나 뒤쪽 반 코를 주우면 앞쪽에 줄기가 남는다.

 짧은 이랑뜨기

1 앞단 코의 뒤쪽 반 코를 주워서 짧은뜨기를 한다.

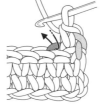

2 다음 단도 앞단 코의 뒤쪽 반 코를 주워서 짧은뜨기를 한다. 한 단마다 편물을 돌리면서 뜨면 편물에 요철이 생긴다.

 빼뜨기

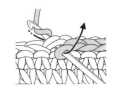

빼뜨기할 코에 바늘을 넣고 실을 걸어서 빼낸다.

 긴뜨기

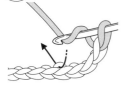

1 바늘에 실을 걸고 앞단에 바늘을 넣고,

2 실을 걸어서 화살표처럼 끌어낸다.

3 한 번 더 바늘에 실을 건다.

4 바늘에 걸려 있는 고리 3개 안으로 한 번에 빼낸다.

5 긴뜨기 완성.

 한길 긴뜨기

1 바늘에 실을 걸고 앞단에 바늘을 넣고,

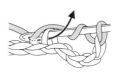

2 실을 걸어서 화살표처럼 끌어낸다.

3 한 번 더 바늘에 실을 걸고, 바늘에 걸려 있는 고리 2개 안으로 빼낸다.

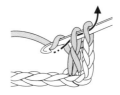

4 한 번 더 바늘에 실을 걸고, 남은 고리 2개 안으로 빼낸다.

5 한길 긴뜨기 완성.

## 프렌치 노트 스티치

## 아우트라인 스티치

**Staff**
북 디자인: 하나와 미나 [ME&MIRACO]
촬영: 시라이 유카리
스타일링: 스즈키 아키코
헤어&메이크업: 야마다 나오미
모델: Emily M.
만드는 법·도면: 나카무라 요코
편집: 나카타 사나에
편집 협력: 오마에 카오리, 후루야마 카오리, 구리하라 치에코,
다카야마 케이나, 이나바 준코, 스즈키 히로코
편집 데스크: 아리마 마리아

**저자 소개**
**i.iro (아이이로)**
코바늘 인형 작가. 어렸을 때 코바늘뜨기와 만나서, 학생 시절에는 전통 공예와 수공
예의 기초를 배웠다. 2021년부터 i.iro라는 작가명으로 인스타그램을 중심으로 하여
작품을 발표하고 있다.
인스타그램: @_i.iro

**번역가 소개**
**남궁가윤**
이화여자대학교와 한국방송통신대학교에서 전산학과 일본학을 공부하고 일본어 출
판번역가로 일하고 있다. 옮긴 책으로는 《코바늘 모티브 패턴집 366》, 《바람공방의
마음에 드는 니트》, 《대바늘 니트 패턴집 250》, 《처음 뜨는 손뜨개 인형》, 《곁에 두고
보는 손뜨개 노트》 등이 있다.

**포근포근
코바늘 손뜨개 인형**

**1판 1쇄 인쇄** | 2024년 10월 24일
**1판 1쇄 발행** | 2024년 10월 31일

**지은이** i.iro
**옮긴이** 남궁가윤
**펴낸이** 김기옥

**실용본부장** 박재성
**편집 실용2팀** 이나리, 장윤선
**마케터** 이지수
**지원** 고광현, 김형식

**디자인** 부가트디자인
**인쇄·제본** 민언프린텍

**펴낸곳** 한스미디어(한즈미디어(주))
**주소** 04037 서울시 마포구 양화로 11길 13(서교동, 강원빌딩 5층)
**전화** 02-707-0337 | **팩스** 02-707-0198 | **홈페이지** www.hansmedia.com
**출판신고번호** 제 313-2003-227호 | **신고일자** 2003년 6월 25일

**ISBN** 979-11-93712-59-7 (13590)

· 책값은 뒤표지에 있습니다.
· 잘못 만들어진 책은 구입하신 서점에서 교환해 드립니다.
· 이 책에 게재되어 있는 작품을 복제하여 판매하는 것은 금지되어 있습니다.

# 자수

**달눈의
레트로 감성 자수**

노지혜 저
208쪽 | 18,000원

**하란의
보태니컬 세밀화 자수**

김은아 저
220쪽 | 18,000원

**나의 꽃 자수 시간**

정지원 저
276쪽 | 19,800원

**처음 배우는
우리 꽃 자수**

정지원 저
236쪽 | 16,800원

**춘천, 들꽃 자수 산책**

김예진 저
272쪽 | 18,000원

**춘천, 사계절 꽃자수**

김예진 저
128쪽 | 16,000원

**자수 스티치의 기본**

아틀리에 Fil 저 | 강수현 역
132쪽 | 15,000원

쉽게 배우는
**리본 자수의 기초**

오구라 유키코 저 | 강수현 역
112쪽 | 16,500원

히구치 유미코의
**자수 시간**

히구치 유미코 저 | 강수현 역
헬렌정 감수 | 96쪽
18,000원

히구치 유미코의
**동물 자수**

히구치 유미코 저
배혜영 역 | 헬렌정 감수
96쪽 | 16,800원

히구치 유미코의
**연결 자수**

히구치 유미코 저
남궁가윤 역 | 102쪽 | 16,800원

히구치 유미코의
**사계절 자수**

히구치 유미코 저
김수연 역 | 헬렌정 감수
96쪽 | 18,000원

히구치 유미코의
**즐거운 울 자수**

히구치 유미코 저 | 배혜영 역
72쪽 | 16,800원

# 소잉

**쉽게 배우는**
**새로운 재봉틀의 기초**

사카우치 쿄코 저 | 김수연 역
140쪽 | 18,000원

**픽셀클로젯의**
**말랑말랑 솜인형**
**옷 만들기**

픽셀클로젯 저
176쪽 | 22,000원

**사이다의**
**핸드메이드 드레스 레슨**

사이다 저 | 208쪽
25,000원

**셔츠 & 블라우스**
**기본 패턴집**

노기 요코 저 | 남궁가윤 역
108쪽 | 20,000원

**원피스 기본 패턴집**

노기 요코 저 | 남궁가윤 역
108쪽 | 20,000원

**스커트 & 팬츠**
**기본 패턴집**

노기 요코 저 | 남궁가윤 역
104쪽 | 20,000원

**쉽게 배우는**
**지퍼 책**

일본보그사 저 | 남궁가윤 역
108쪽 | 13,000원

**매일매일 입고 싶은**
**심플 데일리 키즈룩**

가타가이 유키 저
남궁가윤 역 | 112쪽
18,000원

**패턴부터 남다른**
**우리 아이 옷 만들기**

가타가이 유키 저 | 송혜진 역
134쪽 | 16,500원

**재봉틀로 쉽게 만드는**
**블라우스, 스커트&팬츠**
**스타일 북**

노나카 게이코, 스기야마 요코 저
이은정역 | 90쪽 | 13,000원

**재봉틀로 쉽게 만드는**
**원피스 스타일 북**

노나카 게이코, 스기야마 요코 저
이은정 역 | 크래프트 하우스 감수
88쪽 | 13,000원

**재봉틀로 쉽게 만드는**
**아우터 & 탑 스타일 북**

스기야마 요코, 노나카 게이코 저
| 김나영 역 | 76쪽
13,000원

# 대바늘 손뜨개

**쉽게 배우는
새로운 대바늘 손뜨개의
기초**

일본보그사 저 | 김현영 역
160쪽 | 18,000원

**마마랜스의 일상 니트**

이하니 저
200쪽 | 22,000원

**니팅테이블의
대바늘 손뜨개 레슨**

이윤지 저
176쪽 | 18,000원

**그린도토리의
숲속 동물 손뜨개**

명주현 저
228쪽 | 18,000원

**바람공방의 마음에
드는 니트**

바람공방 저 | 남궁가윤 역
96쪽 | 16,800원

**유러피안 클래식 손뜨개**

효도 요시코 저 | 배혜영 역
120쪽 | 15,000원

**매일 입고 싶은
남자 니트**

일본보그사 저 | 강수현 역
96쪽 | 14,000원

**M·L·XL 사이즈로 뜨는
남자 니트**

리틀 버드 저 | 배혜영 역
116쪽 | 15,000원

**52주의 뜨개 양말**

레인 저 | 서효령 역
256쪽 | 29,800원

**52주의 숄**

레인 저 | 조진경 역
272쪽 | 33,000원

**쿠튀르 니트
대바늘 손뜨개 패턴집
260**

시다 히토미 저 | 남궁가윤 역
136쪽 | 20,000원

**쿠튀르 니트
대바늘 니트 패턴집
250**

시다 히토미 저 | 남궁가윤 역
144쪽 | 20,000원

**대바늘 비침무늬
패턴집 280**

일본보그사 저 | 남궁가윤 역
144쪽 | 20,000원

**대바늘 아란무늬
패턴집 110**

일본보그사 저 | 남궁가윤 역
112쪽 | 20,000원

**쉽게 배우는
대바늘 손뜨개 무늬 125**

일본보그사 저 | 배혜영 역
128쪽 | 15,000원

# DIY

**짜루의**
**핸드메이드 인형 만들기**

짜루(최정혜) 저
132쪽 | 14,000원

**투명한**
**보석비누 교과서**

키노시타 카즈미 저 | 문혜원 역
112쪽 | 14,000원

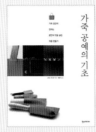

**가죽공예의 기초**

노타니 구니코 저 | 정은미 역
116쪽 | 18,000원

**종이로 꾸미는 공간**
**종이 인테리어 소품**

김은주, 방경희, 이정은 저
208쪽 | 16,500원

**야생화 페이퍼**
**플라워 43**

야마모토 에미코 저 | 이지혜 역
144쪽 | 15,000원

**나무로 만든 그릇**

니시카와 타카아키 저
송혜진 역 | 268쪽
16,000원

**쉽게 배우는**
**목공 DIY의 기초**

두파! 편 | 김남미 역
144쪽 | 16,500원

**쉽게 배우는**
**간단 목공 작품 100**

두파! 편 | 박재영 역
132쪽 | 16,500원

**마크라메 매듭 디자인**

마쓰다 사와 저 | 배혜영 역
100쪽 | 14,000원

**82 매듭 대백과**

일본부티크사 저 | 황세정 역
172쪽 | 14,000원

아이와 아빠가 함께 접는
**신나는 종이접기**

박은경, 고이녀, 조은주, 송미령 저
168쪽 | 15,000원

엄마와 아이가 함께 접는
**행복한 종이접기**

김남희, 김향규, 윤선옥, 이명신 저
240쪽 | 15,000원

아이와 엄마가 함께 만드는
**행복한 종이아트**

김준섭, 길명숙, 송영지 저
162쪽 | 15,000원

# 플라워&가드닝

꽃집에서 인기 있는 꽃 469종
**꽃도감**

방현희 역 | 몽소 플뢰르 감수
288쪽 | 22,000원

**케이라플레르
플라워 코스**

김애진 저
288쪽 | 32,000원

**플라워 컴 투 라이프**

김신정 저
328쪽 | 16,800원

**플라워 컴 홈**

김신정 저 | 296쪽
16,500원

**마이 디어 플라워**

주예슬 저 | 284쪽
16,500원

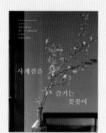

**사계절을 즐기는
꽃꽂이**

다니 마사코 저 | 방현희 역
208쪽 | 18,000원

**플로렛 농장의
컷 플라워 가든**

에린 벤자킨, 줄리 차이 저
정수진 역 | 미셸 M. 웨이트 사진
32,000원

**처음 시작하는
구근식물 가드닝**

마쓰다 유키히로 저 | 방현희 역
208쪽 | 22,000원

**한스미디어**   www.hansmedia.com

서울특별시 마포구 양화로11길 13 (강원빌딩 5층)
TEL 02-707-0337        FAX 02-707-0198

**도서판매처 안내**

**전국 오프라인 서점**

교보문고 전 지점, 영풍문고 전 지점, 반
디앤루니스 전 지점, 이외의 전국 지역 서
점에서 구매할 수 있습니다.

**온라인 서점**

교보인터넷 www.kyobobook.co.kr
YES24 www.yes24.com
알라딘 www.aladin.co.kr
인터파크도서 book.interpark.com

# 한스미디어의
# 수예 & 핸드메이드 도서

베스트 뜨개 & 핸드메이드 매거진 **털실타래 Vol.1~5**
일본보그사 편 | 각 22,000원

 ## 코바늘 손뜨개

쉽게 배우는
**새로운 코바늘 손뜨개의
기초**
일본보그사 저 | 김현영 역
153쪽 | 18,000원

쉽게 배우는
**새로운 코바늘 손뜨개의
기초 실전편**
일본보그사 저 | 이은정 역
136쪽 | 16,500원

쉽게 배우는
**코바늘 손뜨개 무늬 123**
일본보그사 저 | 배혜영 역
111쪽 | 15,000원

쉽게 배우는
**모티브 뜨기의 기초**
일본보그사 저 | 강수현 역
112쪽 | 15,000원

실을 끊지 않는
**코바늘 연속
모티브 패턴집**
일본 보그사 저 | 강수현 역
112쪽 | 18,000원

실을 끊지 않는
**코바늘 연속
모티브 패턴집II**
일본 보그사 저 | 강수현 역
112쪽 | 18,000원

**매일매일
뜨개 가방**
최미희 저 | 200쪽 | 20,000원

손뜨개꽃길의
**사계절 코바늘 플라워**
박경조 저 | 244쪽 | 22,000원

대바늘과 코바늘로 뜨는
**겨울 손뜨개 가방**
아사히신문출판 저 | 강수현 역
80쪽 | 13,000원